成為領域專家的11堂養成課

知識煉金術

KNOWLEDGE ALCHEMY FOR
INDIVIDUALS

邱昭良———著

你為什麼要讀這本書？

　　你即將閱讀的這本書，是關於個人學習與發展的，試圖回答一個也許每個人都會關心的話題：如何從一名新手或「小白」，蛻變成為特定領域的「專家」？

　　也許你覺得這個話題離你很遙遠，但是，就像那句老話「人無遠慮，必有近憂。」在當今時代，如果不及早發現自己內心的熱望，明確自己的人生使命，提早做好規劃，並掌握相應的方法與技術，使自己成為領域專家，你也許現在就會面臨重重困惑：我應該選什麼專業？應該找什麼樣的工作？要不要跳槽？應該讀什麼書？要不要參加某一次培訓，或者學習某一門線上課程？……

　　在我看來，要回答這些無窮無盡的具體問題，都必須回歸根本：未來，你希望專注於哪個領域？從事什麼工作？真正想要成為一個什麼樣的人？

　　的確，在一個複雜多變的世界裡，明確的方向（或目的）遠比具體的手段或方法對你更有幫助。如果你有明確的人生目標，就不會迷失方向；反之，你將難以抉擇，即便做出了選擇，也可能會後悔或感到遺憾。因此，對於「我是否要成為領域專家」、「我要成為什麼樣的領域專家」這些問題，

如果你還沒有打定主意，我建議你通過閱讀這本書，儘快做出決斷。研究顯示，越早找到自己的人生目標，就會越早受益。有趣的是，能否真正實現人生目標並不重要，重要的是實現人生目標的過程。

如果你對上述問題已經有了明確的答案，那麼，本書對於你來說，更是必備的寶典！因為它會回答你另外兩個至關重要的問題：我能否成為某個領域的專家？我如何才能成為那個領域的專家？

對於這兩個問題，我的答案是：只要具備了基本的條件，掌握並應用本書中所講的「知識煉金術」，任何人都可以成為某個領域的專家！我之所以會給出這個答案，不僅有大量的相關研究作為理論基礎，也有包括我本人在內的很多領域專家的實踐經驗作為驗證。事實上，即便你已經是一位領域專家了，要保持競爭力、應對環境的變化、不落伍或被淘汰，也必須持續地應用「知識煉金術」，成為一位終身學習者，這樣才是名副其實的專家！

這本書的主要內容是什麼？

本書的主要內容就是介紹面向個人的「知識煉金術」，以及如何利用知識煉金術來成為領域專家。概括而言，本書

內容包括五個方面（共十一章）。

第一，個人應用「知識煉金術」成爲領域專家的行動框架：「石、沙、土、林」隱喻（第一章），其中包括三次大的階段性躍遷、需要具備的四項能力，它是一個持續精進的過程。

第二，成爲領域專家的第一次大躍進是「碎石爲沙」，需要我們轉變心智、打開心扉，願意持續地學習、接納新資訊（第二章）。這是持續終身學習的基礎，也是成爲領域專家的前提條件。本章詳細闡述了心智模式的特性、原理，以及如何養成成長型心態、保持開放的心態、啓動成功的良性循環，總結了阻礙學習與創新的十二項心智模式及其對策建議。

第三，在具備了適宜的心態之後，要掌握一些技能和方法，實現第二次大躍進「固沙培土」，包括：明確自己的熱情，找到要耕耘的心田，梳理知識體系，制定發展目標、策略與計畫（第三章）。並學會學習（第四章），掌握適當的方法、工具與訣竅（第五至第九章）。在本書中，我分析了學習的底層邏輯，梳理出了個人學習的十八種方法（我將其稱爲個人學習的「降龍十八掌」），並詳細介紹了其中五種常用的學習方法與技能，分別是：

· 複盤：從自身經歷中學習（第五章）。

- 向高手學習（第六章）。
- 充分利用好培訓（第七章）。
- 從讀書中學習（第八章）。
- 基於互聯網的學習（第九章）。

第四，在第二次大躍進之後，就會激發出生態的力量，啓動一個持續成長的良性迴圈，實現第三次大躍進「積土成林」。要實現此次轉變，除了持續學習之外，還要進行知識運營（第十章）。本書介紹了知識運營的五個環節以及一系列方法，給出了知識運營的關鍵要點。

第五，在整個過程中，要即時地防止退化的風險（第十一章），通過複盤實現六項改進，活出持續精進的狀態。

對於這一框架及其包含的方法、工具和技巧，不僅我個人的親身經歷可以印證，也有大量其他專家的案例作爲佐證。同時，基於我個人近年來輔導眾多企業和經理人的實踐經驗，我認爲你也可以學會這些技術與技能。

如何閱讀這本書？

讀書是我們人類學習的基本途徑之一，本書第八章就介紹了如何有效地從讀書中學習的「五步讀書法」。所以，關於本書，你其實可以參考這一方法，看看是否會有更大的收穫。

第一，明確目標。想一想你為什麼要讀本書？你希望通過閱讀本書，達到的具體目標是什麼？

第二，選對好書。個人學習是一個很複雜的系統性話題，因此，不應該只是讀這一本書。毫無疑問，不管本書多麼細緻、精準，也不可能包羅萬象（其實，任何一本書都做不到），因此，要想提升個人學習力，你需要選擇一系列相關書目，制訂一個閱讀計畫。本書所涉及的參考文獻是你「尋寶」的一個線索，但你需要梳理清楚它們之間的關係，並根據你的實際情況靈活選擇。

第三，明確策略。本書定位於為你提供一個行動框架，指導你從一個「小白」成為領域專家，其中涉及很多操作性很強的方法與技能，因此，本書既應作為「主食」進行精讀，又應進行系統的主題閱讀。為此，你要明確自己的閱讀策略。

第四，掌握方法。你可以參考第八章中講到的一些閱讀技巧，邊學邊用。

第五，形成習慣。學習是一個持續的過程，不可能一蹴而就，重在形成習慣。因此，我建議你在閱讀完本書之後，進行一個簡要複盤（參見第五章），分析利弊得失，提煉出經驗教訓，以幫助你更好地進行後續的學習，並把握要點，形成習慣。

當然，就像我在本書中所分析的那樣，閱讀僅是學習的一種方法或途徑，而學習的目的不只是獲取資訊，還為了提升能力，改進行為和績效表現。因此，本書只是你學會學習、煉成領域專家這一歷程中的一個支撐。

　　希望你能從本書中受益。祝閱讀愉快！

邱昭良

善用知識煉金術——
把自己修練成「專家」

如果我問你：「你想成為『專家』嗎？」

你會怎麼回答？

我曾問過一些朋友類似的問題，通常得到的就是以下幾種答案：

「專家？現在不就是到處是『專家』嗎！」

「我還沒想過這個問題⋯⋯」

「專家？我還差得遠呢！不可能！」

「想啊，誰不想成為專家？但是要怎麼做呢？我不太清楚。」

不知道你的回答是怎樣的，但我可以負責任地告訴你三句話：

1. 在當今時代，你若無法不能成為特定領域的專家，那麼在激烈競爭的環境下，你就很難具備強大的競爭力！

2. 只要具備基本條件，掌握並應用本書傳授的「知識煉金術」，任誰都可成為特定領域的專家！

3. 即使你已是特定領域的專家，也請持續保持競爭力、靈活應對環境變化、不落伍或被淘汰，並持續應用「知識煉金術」，成為一位終身學習者，這才是名副其實的專家！

時代潮流驅使，你必須成為「專家」

近年來，人工智慧（AI）和機器人、深度學習技術發展迅猛，取得了長足進展，像世界經濟論壇（World Economic Forum，WEF）、麥肯錫全球研究所（McKinsey Global Institute，MGI）、經濟合作暨發展組織（Organisation for Economic Cooperation and Development，OECD）等許多機構都發表了基於 AI 的機器人和自動化技術對未來工作影響的報告。大家普遍認為，在不久的將來，AI 和自動化技術將會取代原本由人類承擔的一部分工作。

換言之，有相當比例的人可能會失去原有的工作，或者需要轉換工作[1]。

2016 年，「世界經濟論壇」發表的一份白皮書指出，第四次工業革命與多重社會、經濟和地理因素相互交織，會對很多行業產生顛覆性影響，使勞動力市場發生顯著變革。新的工種會湧現，部分甚至全部地替代原有的一些工作。

2017 年，MGI 陸續發佈的多項研究報告指出：機器人、AI 和機器學習技術的突飛猛進，正在把人類推進自動化的時

代，在很多工作活動中，機器已經能夠媲美甚至超過了人類的表現，包括一些需要認知能力的任務。在造福人類、企業和經濟的同時，這會對大量勞動者造成巨大影響。根據他們估計，全球將有一億～四億人口將面臨失業、被迫轉職、甚至必須學習新的技能或尋找新的工作。

當然，自動化革命也會創造出很多新的工作 [2]。

2018 年，經濟合作暨發展組織，簡稱經合組織（Organisation for Economic Cooperation and Development，OECD）也發表了類似的研究報告，結果顯示：接近一半的工作很可能會受到自動化的顯著影響，AI 和機器人不能做的任務正在快速減少 [3]。

這些知名機構一連串的動作，都告訴了我們一個即將到來的變革趨勢：AI 和機器人恐將搶走很多人的「飯碗」。如果你不能學習新的技能、調整自己的技能組合、適應新的技術，那麼未來勢將被淘汰。那麼，面對 AI 和自動化技術的崛起，我們個人應該如何應對呢？

許多機構的研究顯示，我們需要調整自己的能力構成。以「經濟合作暨發展組織」的報告為例，他們認為，在未來有三大類技能是至關重要的，即認知能力、社交能力、數位化技術能力。與此類似，WEF 的報告也認為，等到 2020 年時，最重要的十項技能中，排在第一～三位的是解決複雜問題、批判性思考、創造力，都與認知能力有關；緊接著排在第四～

六位的三項能力與社交相關，包括人員管理、與他人協作、情商；接下來，排在第七位的判斷與決策、第十位的認知靈活性，也與認知能力有關；最後才是排在第八位和第九位的服務導向、談判等，這也與社交能力相關。

由此可見，提升認知能力，學會學習、學會思考，是個人順應這一大趨勢的首要能力；其次需要掌握的核心技能是社交能力。當然，另外一個不容忽視的能力是技術素養及能力，因為未來工作的基本形態很可能是「與無所不在的機器人共舞」。

在我看來，要想在未來職場中保持競爭優勢，我們需要做到如下三個方面。

（1）**善於學習**。因為這正是發展能力的動能（我姑且將其稱為「個人的學習動能」），未來無論是社交還是培養技術能力，抑或是任何一項專業能力，都可以運用它來培養。

（2）**專注於某個特定領域**。精通該領域的各種知識與技能，成為領域專家，從而能夠應對各種各樣的變化。如果不能成為某個領域的專家，就很容易被取代。

（3）**成為終身學習者**。持續學習，與時俱進。事實上，真正的領域專家一定是終身學習者。

在本書中，我所描述的「專家」指的是在某個特定領域或主題上，有多年的研究與實踐，對其相關原理、操作實務、

問題處置等有全面、深刻而透徹理解，從而可以獲得持續且穩定高績效的個人 **4**。

概括而論，我所描述的「專家」通常具備以下幾種特徵：

（1）**專注於某個或少數幾個「領域」**。就像俗話所說「隔行如隔山」。當今時代，社會分工越來越細，每個領域都有海量的知識，要想成為某個領域的專家，必須花費相當長的時間。雖然我們不排除有少數天才可以跨越不同的領域、成為好幾個領域的專家的可能性，但是，對於絕大多數人來說，精通一、兩個領域、成為一個或少數幾個領域的專家，已屬相當困難的一項任務。

因而，大多數專家都專注於一個或少數幾個領域。如果你看到某個所謂的「專家」，號稱精通多個領域（尤其是跨度比較大的多個領域），他是否真的是專家就值得懷疑。

（2）**依靠自身實力，獲得持續而穩定的高績效**。真正的專家應該是依靠自身實力獲得持續而穩定高績效的人，而不只是靠關係或運氣，一時獲得好表現的人。同時，專家應該能夠熟練且妥善地應對所處領域的大多數情況，並且堅持學習、與時俱進，持續地取得優異績效，而不只是短期內的高績效。因此，在我看來，真正的專家肯定是一位已經學會「如何學習」的終身學習者。

學會「知識煉金術」，你也能夠成爲「專家」

　　我相信，任何一位領域專家都不是生下來就是專家的，他們都是通過後天的學習修煉而成。就像荀子所說：「塗之人百姓，積善而全盡謂之聖人。」**5**像堯帝、大禹這樣的聖王，並不是生下來就那樣聖賢的，他們是從改變自己原本的天性開始，靠著持續地修爲，等到自己的品格、能力達到很高的境界，方才成爲英明的領袖。

　　在我看來，人都是可變的，即便是聖人或聖王，也是通過一個過程歷練而成的，這裡面其實有方法。

　　同樣，現代心理學家安德斯・艾利克森（Anders Ericsson）通過對很多領域專家（如音樂家、體育冠軍等）的研究得出結論說，絕大多數專家都是通過長期的刻意練習（據估計不少於一萬小時）練習而成的**6**。

　　雖然我們不否認有些人可能具備特殊的天賦，但如果不經過長期、有系統地學習與修煉，僅有天賦，肯定也無法成爲領域專家。當然，具備成爲領域專家的可能性與實際上是不是領域專家是兩碼事。毫無疑問，要成長爲領域專家，有

時候也離不開特定的外部條件與資源，因此，不是每個人都一定會成爲領域專家。但我相信，只要具備相對應的條件，哪怕你是一個普通人，也有可能成爲特定領域的專家。

而根據我的研究，成長爲領域專家的條件包括但不限於：

- 具備基本的學習能力。
- 清晰的目標與執著的熱情。
- 懂得學習。
- 堅持不懈怠，持續且刻意地練習。
- 支持性的環境與資源，包括不同階段的教練、必備的設施等。
- 把握機會。

在上述條件中，基本的學習能力是大多數人都具備的，而支援性的環境與資源以及機會是客觀條件，我們個人無法左右，除此之外，其他幾項技能都是可以通過後天學習而來，我在此便將其稱爲「知識煉金術」。

「知識煉金術」是我發明的一個專業術語，這裡面有兩個關鍵詞：分別是「知識」與「煉金術」。

首先，我們來看「知識」。知識雖是一個日常用語，人人幾乎每天都會把它掛在嘴邊，但說實話，能夠釐清或說明白什麼是知識，卻並非易事。一方面是因爲知識本身就是一個複雜而微妙的過程，同時具有多個面向、屬性或狀態，故

而往往隱而不現、難以區分。因此「什麼是知識？」自古以來就是一個艱澀深奧、充滿各種詭辯之詞的哲學命題。

另一方面，多數人並未眞正深入思考、研究過這個問題。

在我看來，你若無法清晰且深刻地理解「知識」，那就很難學會知識煉金術。畢竟釐清什麼是知識，正是每位知識煉金術士都必須深刻理解、熟練掌握的基本功 **7**。

在這裡，我先給知識下一個簡單的定義：**「知識」是對完成工作任務、解決實際問題有 明的資訊、方法或經驗，有助於提升個人或團隊績效表現以及完成任務的能力。**毫無疑問，作爲領域專家，他們要具備某個領域相應的「知識」。爲了獲得這些知識，他們需要對那個領域充滿熱情，通過各種途徑有效地學習，並持續地應用、更新知識，培養起核心能力。

其次，我們來看「煉金術」。

在中國，煉金術的歷史久遠，源自上古傳說和諸如道教的傳承，從事此項工作的人也被稱爲「方士」或「術士」，他們希望能夠把一些材料煉成靈丹妙藥，或者從常見的材料中提煉出黃金等貴重金屬。因此，煉金術是一種專門的技術或技能，它們需要使用一些原料、配料、配方及設備，並在特定的條件，如溫度、濕度、火候等因素下，經過自成一個系列的處理過程，從而達成特定目的或預期的產出。

綜合以上所述，我給知識煉金術下的定義是：在具備一定條件的前提下，通過一系列精心設計和引導的過程，讓個人或團隊從適宜的途徑獲得對完成具體任務、解決實際問題有幫助的訊息、方法或經驗，提升其績效表現和完成任務能力的一組技術與技能（邱昭良，2019）。

根據這一個定義，我認為知識煉金術就是一個系統工程，主要包括以下五個要素。

（1）**必須有一些輸入，比如合適的人選、資訊、材料等。**就像俗話所說的「巧婦難為無米之炊」。要想獲得有價值的輸出成果，不能沒有素材或原料。精通知識煉金術的知識煉金術士，要能夠根據預期產出選擇相應的輸入。

（2）**需要具備一定的環境或條件。**如同鍛造或提煉高價值合金需要在適當條件下（溫度、濕度等）、按一定順序投入某些材料一樣，人們要想獲得有價值的知識，也需具備一定的條件。例如，有掌握相關知識的人或其他形式的載體；掌握這些知識的人與知識需求方要相互信任，並有分享的意願；如果是除了人以外的其他形式的載體，知識需求方則可以訪問這些載體，並對其進行正確的賦義。

（3）**需要借助一些專業的技術或能力。**知識萃取是一個微妙而關鍵的過程，其中會涉及參與各方間複雜的相互影響，更像是「化學反應」，而不只是「物理整合」。事實上，如

果只是簡單、機械地套用本書中所講的過程，而不是用心領悟並創造條件，人們也可能無法攫取有效的知識，進而分享或學習。

實踐經驗表明，具備相應的知識、技能與干預方法的「知識煉金術士」，如同金屬冶煉中的「催化劑」，可以改善知識萃取的效率和效果。

（4）**需要經過一系列的處理過程。**和提煉合金需要一定的鍛造、混合、加壓等處理過程類似，人們要想獲得有價值的知識，也離不開一系列過程，包括訪談、研討、知識提煉與創造、分享、應用、驗證、更新等。

（5）**最終要有一定的產出，就是我們期望獲得，能夠幫助我們有效行動、提升績效表現以及完成任務能力的知識。**知識是指導人們在特定情況下（完成任務或解決問題）採取有效行動的一系列資訊、經驗或方法的組合，與人們完成任務所需的「能力」有關。也就是說，知識是多層次的，除了一些可以被記錄、分享和傳承的資訊、經驗或方法的組合（顯性知識），也可以被人們存儲在腦海中，被理解和應用，從而形成內化於個體的能力（隱性知識）；同時，知識也是與場景、任務緊密相關的，需要被驗證。

法蘭西斯・培根（Francis Bacon）曾說過：「知識就是力量」，知識是有價值的，是人們渴望獲得的。當然，這並

不是一蹴而就的，也不是一次性的，而是一個持續不間斷的過程，需要反覆多次地運算、改進。透過實驗可證明，知識煉金術是持續提升個人能力及績效表現的核心技術，它是把個人打造成專家的有效方法。

事實上，在資訊爆炸的時代，我們每個人都有必要學會並應用知識煉金術，從各個管道獲取能為己所用的資訊，將其轉化為知識，提升個人的能力，成為某一個領域的專家。在我看來，精通知識煉金術的人都應該而且可以成為專家。換言之，如果你還不是某個領域的專家，那也許是因為你尚未掌握並熟練應用知識煉金術。所以，對於每一個想成為知識煉金術士的人來說，首先就是要拿自己做例子來練習，綜合運用知識煉金術。

把自己淬煉成專家，是讓人信服並且能夠更妥善地服務他人的前提條件。

與此同時，即便你現在已經在某個領域有所成就，你也應該透過應用知識煉金術，持續學習，藉以應對環境的快速變化。

綜上所述，我認為，知識煉金術是修練自己成為特定領域專家的必備技能。只要具備上述基本條件，掌握書中所說的「知識煉金術」，想信每個人都可以成為某個領域的專家！

「石、沙、土、林」的隱喻 ―
成爲「專家」的心路歷程

那麼，如何才能成爲專家呢？

基於我個人的學習經歷和思考心得，我認爲，從零基礎的「小白」成長爲特定領域的專家，這其實就是一段從「非學習者」成長爲「終身學習者」的歷程。而這個過程必須經歷以下四個階段，並且通過三次的突變，以及時刻防範「退化」的風險，方可成局。而對於這四個階段（或狀態），我在此使用「石」、「沙」、「土」、「林」這四種事物的演進來作爲譬喻（見圖 1-1）。

石：非學習者

非學習者係指缺乏基礎的「小白」，或已不再持續進步的「魯蛇」一族。對於一般人來說，憑藉過往的學習，可能已經形成了一定的積累，但無論是深度還是體系化程度都不夠，尤其是他們通常具有狹隘、偏執或僵化的心智模式，要麼自以爲是，要麼一無是處。如果是這樣的話，他們就像一塊石頭（儘管有的大，有的小），難以學習或改變。

要想成為一名領域專家，必須經由持續的學習，而在我看來，學習是一扇只能由內向外開啟的「心門」。為此，需要經歷第一次突變—「碎石為沙」，也就是，打開心扉，願意持續地學習、接納新資訊。相應地，在這一階段應該具備的能力是改善心智模式（參見第二章）。事實上，心智模式是我們每個人經由學習而形成的，它無時無刻不在影響著我們的觀察、思考、決策以及行動。如果不能改善心智模式，我們就是「心智的囚犯」，也就是頑石一塊。只有改善心智模式，學習才能被啟動進而發生。

**圖 1-1 透過「石、沙、土、林」的隱喻，
來描述專家的修練過程**

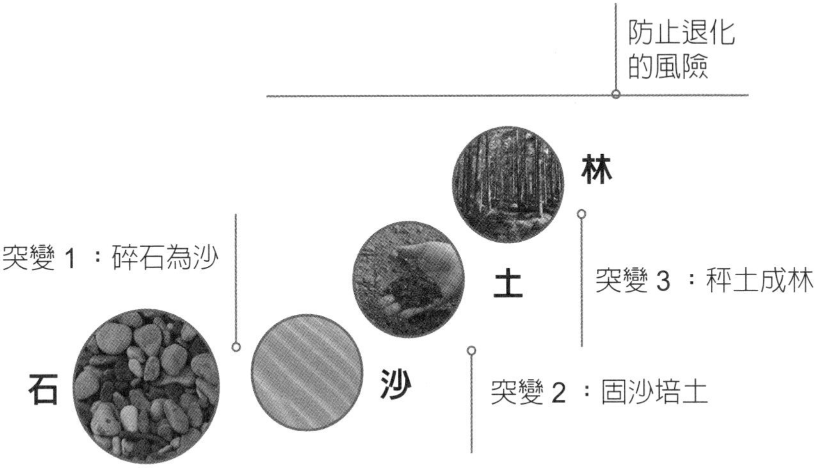

防止退化
的風險

林

突變 1：碎石為沙

土

突變 3：秤土成林

石

沙

突變 2：固沙培土

沙：不成體系的學習者

如果個人願意學習，但面對浩瀚無垠的知識海洋，你應該在哪個領域耕耘呢？對於大多數人來說，既無明確的方向，也沒有特別深厚的累積，尚未建立知識體系，對各種資訊或觀念也缺乏獨立的辨別能力，就像一粒又一粒的沙子，只能被風吹來吹去，飄忽不定。

為了有所建樹，他們需要經歷第二次突變—「固沙培土」。在這方面，中國的治沙經驗可資借鑒，首先在一片流沙上安置一個個一平方公尺大小的「草格」，透過形成網格來穩定沙面，保證固沙植物的存活率，接著再改造小方格內的沙土，使其變成適合植物生長的土壤。

也就是說，一個人要從沒有知識積累、到處流動的狀態（沙），變成有所積累、穩固、有機的狀態（土），這當中需要掌握的能力是：明確自己的熱情之所在，找到必須耕耘的心田（專注的領域），進而梳理知識體系，制定發展目標、策略與計畫（參見第三章）。

土：有一定積累的學習者

固沙之後，你要在一些小塊的「草格」裡撒下種子或栽種小樹苗，精心澆灌、培育後，使它能夠紮根存活，並經過

不斷生長，讓根紮得更深更廣……隨著植物的生長、根系的延展，就會慢慢地將沙變成土，更加適合植物的生長，從而在這片網格上長出更多的植物。最後，土壤也在往深處和遠處拓展……這是一個緩慢發生、持續不斷的過程，則堪稱是「質」的轉變。

對於個人來說，在專注的知識領域，根據自己的目標、策略、計畫，要進一步選擇一個更小的細分領域，進行系統而深入的學習，運用適當的方法，付諸努力，實現一定的知識積累，並經由持續的訓練、實踐，不斷精進與拓展。這是成為領域專家的必經之路。

本階段需要具備的能力是學會學習（參見第四章），掌握相應的方法、工具與技巧（參見第五～九章），並堅持不懈。

林：生生不息、滾動式演進與創造的終身學習者

當一小片網格上長出植物，就可以借助生態的力量，啟動一個良性循環：植物的生長將沙變成了土，土又會更加適合植物的生長……隨著植物根須的擴展，土壤也更加深厚、肥沃，覆蓋面積也在持續擴展，適宜種植更多的植物，形成一個體系，相互搭配、彼此增益……假以時日，就會形成一片草原或森林生態，生生不息。

同理，要想成爲專家，我們還需要經歷長期持續的努力，實現第三次突變—「積土成林」。也就是說，隨著個人在某個細分領域上知識深度和廣度的積累，逐漸達到精通，然後以此爲基礎，向相鄰的細分領域拓展；與此同時，既要不斷地吸收、內化形成新知識，還要持續地創造、產出，並以此檢驗、優化以及進一步更新並充實自己的知識體系。這是領域專家應有的狀態，我稱之爲「知識生態」。

這個階段的核心能力除了理解「學習」，也離不開「知識」的經營（參見第十章），因爲學習從本質上講就是提升個體能力、改善行動有效性和績效表現的過程，與實踐、行動、應用是密不可分的。同時，無論是在此階段，還是在前兩個階段，都要時時防範「退化」的風險（參見第十一章），因爲你一旦失去了動力、心態變得僵化、封閉，那整個過程就會退回到「石」的狀態。這是貫穿整個過程、持續不斷的一項修煉。

綜上所述，各個階段的要素及特徵如（表 1-1）所示。

雖然不是每位領域專家都必然經歷這四個階段，但在邏輯上，我相信這是零基礎的「小白」成長爲專家的必經過程與底層邏輯。

表 1-1 各階段的學習，相對應的隱喻、特徵

階段或狀態	石	沙	土	林
心態	僵化、封閉	開放	開放	開放
學習動力	沒有學習的動力和熱情	願意學習，但缺乏持續的熱情與動力。	具有強烈且持續學習的動力	將持續學習視為一種生活習慣和方式
累積知識	只有一些固化的經驗	尚未建立已成體系的知識基礎，只有一些零散的知識。	開始在特定領域累積，並已建立自己的知識體系。	具有深厚、自成體系的知識基礎，且能動態更新。
攫取資訊	不願意接觸新訊息	只接收自己當下所需或感興趣的訊息	接收與自己關注的領域相關的訊息	持續有效地接收與自己知識體系相關的各種資訊
處理資訊	低效	低效	有一定程度的效率	高效
創造知識	很少	很少	少量產出	持續高效地產出
整體表現	非學習者，一般指「小白」或普通人。	低效學習者	高效學習者	終身學習者，高績效、高成就。

1. 你認為自己必須當一位專家嗎？
2. 你覺得自己有能力成為特定領域的專家嗎？若想，那我必須具備哪些能力？
3. 什麼是知識煉金術？談一談你的理解。
4. 知識煉金術對你具備何種價值？它為何能夠幫助你成為專家？
5. 對照成為專家的「石、沙、土、林」隱喻，請大致估計一下，你現處於何種狀態？學習重點是什麼？

1. http://www3.weforum.org/docs/WeF_Future_of_Jobs.pdf.

2. https://www.mckinsey.com/mgi/overview/2017-in-review/automationand-the-future-of-work/a-future-that-works-automation-employment-andproductivity 以及 https://www.mckinsey.com/featured-insights/future-of-work/AI-automation-and-the-future-of-work-ten-things-to-solve-for。

3. https://www.oecd-ilibrary.org/docserver/2e2f4eea-en.pdf?expires=1551974 192&id=id&accname=guest&checksum=1c43a79F6D2a6D4c80431e5a718444a2.

4. 在本書中，所謂「領域」指的是明確、具體的細分學科、實踐活動或技能。例如，在管理學這一大的學科體系中，有很多細分學科，如人力資源管理、市場行銷、領導力等，甚至在銷售領域內，還可進一步細分為零售管理、商業大客戶行銷等。如果你是廚師，可以專攻川菜、粵菜等具體的品類。

5. 出自《荀子‧儒效》「堯禹者，非生而具者也，夫起於變故，成乎修為，待盡而後備者也。」（《荀子‧榮辱》）意思是說「哪怕是普通的路人，只要能夠持續不斷地積累善行，修煉自己的德行與能力，也可以成為君子；如果能夠達到完全、窮盡的境界，就是聖人。」

6. 《刻意練習：如何從新手到大師》艾利克森，普爾，著；王正林，譯‧北京：機械工業出版社，2016. 知識煉金術（個人版）

7. 要深入地瞭解什麼是知識，請參閱《知識煉金術：知識萃取和運營的藝術與實務》邱昭良、王謀，著，機械工業出版社，2019。

改變「心智」

「你這孩子，就是這麼調皮，總是想著玩……。」

剛從學校畢業初入職場的李天豐（化名，以下同），搭乘捷運時聽著坐在對面的媽媽數落著自己的孩子，心中一凜……。

可不是嘛，遙想自己上大學之後好像也就失去了唸高中時的那股學習拚勁了，不僅上課態度馬虎、迷糊，晚上也是只顧吆喝同學來熬夜打電動遊戲。結果，好幾門課都是差一點被當，甚至年畢業後找工作，都讓他狠狠費了一番周折才搞定。

想到這裡，他趕緊打開手機，登錄公司的線上學習系統，心裡想著自己應該要開始多學習一些與工作相關的專業課程。畢竟他也明白，自己若無法勝任當前這份工作，未來是絕對無法像過去當大學生那樣，還有補考的機會……。

碎石爲沙 — 成爲「專家」的第一次突變

　　我相信任何人想要成爲專家，都需要依靠後天的學習修煉而成，學習是一扇只能由內向外開啓的心門，任何學習在本質上，都是一個依靠自我進行知識建構的過程。如果沒有打開心門，即使也可接觸到外界的一些新資訊或新觀點，但心智模式仍舊還是僵化、封閉的。

　　就像一塊石頭，即使淋了雨水，但也只是淋濕表面，並未滲透到內心，也就無法被接納、轉化，過不了多少時間，雨水就會被蒸發掉，只留下一絲淡淡痕跡。

　　在現實生活中，很多人的學習也與此類似。去參加了一次培訓或者暸解到一些新的做法、經驗，如果自己心不在焉，或者內心充滿各種各樣的評判、嘲諷或恐懼之聲，根本不可能專心致志地充分獲取資訊，也很難高效地理解、消化吸收，回到工作崗位以後自然也難以應用，時間一久，獲得的大部分資訊也就消失了。這是個人學習的第一個階段，是一種「非學習者」的狀態。

　　要想打破這種狀態，踏上終身學習之旅，必須始於打開

心門，願意改變自己的心智模式，放下成見，去接納新的事物、資訊和觀點。這是一道「分水嶺」，是一種質的轉變。

一旦完成了心態轉變，你就不再是一塊堅硬的石頭，而是有了適合學習的基礎，可以開始從各個管道或途徑獲取資訊，構建自己的知識與能力。對此，我將其稱為「碎石圍殺」，因為在此時，你尚未建構知識基礎，猶如一片流沙。

因此，無論是想成長為領域專家，還是想持續學習，都要記得打開心門，這是成為終身學習者需要具備的基礎能力。

是什麼在影響你的學習？

從個人的角度上看，學習是一個複雜而微妙的心智過程，包括獲取資訊、理解含意、記憶與提取、分析與綜合等諸多環節，都會受到既有知識基礎（或心智內容）的影響，也與每個人的思維能力與偏好、心態與動機等多方面因素相關。這兩方面要素，我將其稱為「心智模式」（Mental Models）。

「心智模式」一詞是由心理學家肯尼斯・克雷克（Kenneth Craik）在 20 世紀 40 年代提出的，但在當時並沒有被非常深入、有系統地闡述。之後，一些學者在這方面進行了研究和發展，方才有了長足的進展，有時也被稱為「心理表徵」（Mental Representation）、心智結構、圖式等。但是總體來說，人們對於心智模式的探索還非常有限，目前它還是一個很高深的未知領域，值得繼續深入探究。

按照《第五項修練：學習型組織的藝術與實務》（The Fifth Discipline: The Art and Practice of the Learning Organization）一書作者彼得・聖吉（Peter M. Senge）的解釋，

心智模式是根深蒂固存在於我們每個人心中，影響我們如何看待這個世界，以及如何採取行動的諸多假設、規則、信念，甚至圖像、印象等。

在我看來，所謂心智模式就是我們每個人從過往的經歷中，自發建構或被教導形成的一系列信念、假設、規則以及思維偏好，它影響我們如何看待自己、他人和世界，以及如何採取行動。

從本質上看，心智模式是我們每個人大腦中所進行，與思維活動緊密相關的一種心理現象或存在，時時影響著我們每個人的觀察、思考與行動，與我們的學習息息相關。不誇張地說，如果你能清晰意識到自己的心智模式，主動改善心智模式，就能實現持續的創新與學習，實現突破性變革。

那麼，心智模式到底是如何形成並被運作的呢？

基於目前對腦科學的研究，心智模式的形成與運作涉及人體很多器官，它們共同參與，協同工作。首先是感覺器官，包括眼睛（視覺）、耳朵（聽覺）、鼻子（嗅覺）、皮膚（觸覺）、嘴巴（味覺）、大腦（綜合判斷形成感覺）、神經網路以及「第六感」等。它們時刻在捕捉人體外部和內部的各種信號，然後透過不同的傳遞途徑，將其傳導至大腦的不同區域。這是心智形成的物理基礎，若離開這一點，心智就難以形成、運作與發展。

其次，在接收到各方面傳導過來的資訊後，大腦會立即對其進行各種複雜而微妙的處理，識別其意義，結合以往的「知識」，進行比較、綜合、分析、判斷，並基於各種信念、動機、價值觀念等，形成各種回應的決定。在這個過程中，心智模式會全程參與，發揮著不可或缺的作用。

　　最後，這些決定會以各種指令的方式，回饋給我們的肢體和各種器官，讓我們做出各種舉動（或者沒有舉動），從而對內外部回饋資訊做出回應。這也是心智模式養成不可或缺的一個過程，因為如果自身或外部世界對我們回應行為的結果不滿意或者未達到預期，我們就會進行反省、分析甚至質疑，改變自己並據此做出回應的規則、信念等。

　　由此可見，心智模式對於學習的影響是雙方面的（見圖2-1）。

　　一方面，心智模式是學習的結果。透過學習，每個人的心中都存儲了大量心理表徵或解讀方式、規則、信念的組合，讓我們具備觀察、思考和判斷的能力。另一方面，心智模式也會全方位地影響我們每個人的學習，而這種影響也是一把「雙面刃」：心智模式的形成一方面代表成熟、老練、高效率，另一方面則反映著封閉、保守、無創新。

　　首先，心智模式有助於提高學習的效率。因為人類的學習從本質上看是將新資訊與大腦中已有的「知識」進行連結，

圖 2-1 心智模式 VS. 學習的關係

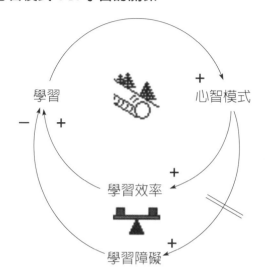

從而擴展自身知識庫的過程。你的大腦中存儲的圖像、印象、規則等模型越多，你學習得就越快。就像人們常說的：「如果把你已有的知識比作一個圓，這個圓的周長越大，你需要探索的未知領域就越大，與此同時，你能接觸或學習到的新知識也就越多。」事實上，如果你沒有形成心智模式，那你就幾乎無法學習。

但是，心智模式又是必須靠自我增強的。也就是說，你有什麼樣的心智模式，它就會引導你看到什麼樣的資訊，並從中快速識別出它所熟悉的模式，進而形成一些相對固定或

僵化的觀察框架和思考路線，久而久之，甚至有可能形成一些根深蒂固的觀念，或自以爲天經地義的信念，讓我們變得「經驗主義」或表現出類似於「自動駕駛」那般僵化的行爲模式，進而阻礙我們的創新，或者針對外部環境的變化，做出相對應的調整。

因此，如果環境發生重要變化，而我們仍舊按照原有的規則、模式去觀察、思考和決策，會讓我們察覺不到外部環境正在發生的一些微弱但致命的威脅，就像彼得・聖吉（Peter M. Senge）所講的「溫水煮青蛙」那樣，這是一種嚴重的學習智障，同時，也有可能讓我們的行動顯得不合時宜，難以適應新環境的要求，心理上產生挫折感，甚至最終失敗。

所以，我們要明確心智模式的作用機理，主動察覺自己的心智模式，對其進行檢驗，並以開放的心態接受新資訊、使用新規則或邏輯，使其持續不斷地改進、更新，做到與時俱進。

事實上，儒學大師荀子早在兩千多年前就說過：「人何以知道？曰：心。心何以知？曰：虛壹而靜。心未嘗不臧也，然而有所謂虛……人生而有知，知而有志；志也者，臧也；然而有所謂虛；不以所已臧害所將受謂之虛。」（以上出自《荀子・解蔽》）意思是說，人如何瞭解事物的本質？答案是靠「心」。[1]

心是怎麼思考的？答案是保持「虛」、「壹」（專注）和「靜」。所謂「虛」是相對於「臧」而來的。「臧」指的是我們已經積累下來的各種知識、觀念、經驗，也就是我們所講的「心智模式」。

　　在荀子看來，人生下來就有探索、認知世界的能力（知），從而形成各種經驗和記憶（志），這些逐漸累積起來的記憶就是「臧」。如果你能不讓你頭腦中儲藏的各種知識和觀念妨害你對新資訊的接納，就是所謂的「虛」。因此，要想持續不斷地學習，就需要保持在「虛」的狀態。

　　總而言之，你擁有什麼樣的心智模式，這就決定了你未來將會擁有什麼樣的思緒與行為，而這將會決定你面對未來時的各種選擇和命運。

自我實現的預言 — 啟動成長的良性循環

　　在古希臘神話中，比馬龍（Pygmalion）是賽普勒斯國王。相傳，他性情孤僻，喜歡獨居，擅長雕刻。曾用象牙雕刻了一座他心目中理想女性的雕像，並天天與其相伴。他把全部熱情和希望放在了這尊雕像上，後來，上帝被他的愛和癡情所感動，讓雕像活了過來，變成了一位美麗的少女，比馬龍就娶了這名少女為妻……。

　　這則神話一直在西方流傳，而現實生活中，究竟有沒有類似效應呢？

　　1968年，美國心理學家羅森塔爾和雅各森做了一個實驗：

　　他們來到一所小學，選取了幾個班，煞有其事地對這些班級的學生進行智力測驗，然後把一份名單交給有關教師，宣稱名單上的這些學生被鑑定為「最有發展前途者」，並再三囑咐教師務必「保密」。名單中所列的學生，有些在教師的意料之中，有些卻不然，甚至是平時表現較差的學生，也在名單內。

　　對此，羅森塔爾解釋說：「請注意，我講的是發展潛力，

並非現在的情況。」而有鑑於羅森塔爾是知名的心理學家，又似乎有智力測驗的依據，教師對這份名單深信不疑。其實，這份名單是他們隨意擬定的，根本沒有依據所謂智力測驗的結果。

八個月後，他們兩人又來到這所學校，對這些班級的學生進行「複試」，結果竟出現了奇蹟：凡是被列入此名單的學生，不但成績提高很快，而且性格開朗，求知欲望強烈，與教師的感情也特別深厚。對於這種現象，羅森塔爾和雅各森借用上述希臘神話，將其命名為「比馬龍效應」，也被人們稱為「羅森塔爾效應」（Rosenthal Effect）。

從原理上講，雖然教師始終把這些名單藏在內心深處，沒有告訴其他人，但由於他們受到「權威性的謊言」的心理暗示，對名單上的學生充滿信心，而這份掩飾不住的熱情便會透過他們的眼神、肢體語言、面部表情等傳達出來，滋潤著這些學生的心田。實際上，他們扮演了比馬龍的角色。學生們潛移默化地受到影響，因而變得更加自信。奮發向上的激情在他們的胸中激蕩，於是，他們在行動上也就不知不覺地更加努力，結果就有了飛速的進步。

雖然這只是一個實驗，但在實際工作、生活、教育與管理中，卻也有著類似神奇的功效。在不被重視和激勵甚至充滿負面評價的環境中，人們往往會受到負面資訊的左右，對

自己做出比較低的評價，從而表現得更為消極，結果也變得越來越差；在充滿信任和讚賞的環境中，人們則容易受到啟發和鼓勵，自我感覺良好，行動的積極性也就會越來越高，最終做出更好的成績（見圖 2-2）。

這就像一個硬幣的兩面，可能成為個人發展與成功的良性循環，也可能變成「厄運之輪」。作為一名曾經的網球教練，美國運動心理學第一人提摩西 · 加爾韋（Timothy Gallwey）在多年的執教生涯中觀察到，很多人之所以打不好網球，關鍵在於內心充滿害怕失敗、懷疑、猶豫、不恰當的假設以及自我譴責的「內心干擾」，這些因素導致人們動作扭曲，發揮失常。如果一個人能夠排除內在干擾，保持一顆平靜而專注的心，則可能超常發揮，取得優異的成績。其實，在一些競技比賽和商業競爭中，這種情形也經常出現：一些看似勝券在握的選手，往往在最後一個動作時，因為患得患失或壓力過大而導致失誤；反觀一些看似不抱希望的選手，因為輕鬆上陣，反而能夠笑到了最後。

加爾韋因此認為，逆轉乾坤的關鍵在於能否從內外兩方面來影響個人的自我認知，他將其稱為「外在的我」和「內在的我」。他指出，不管從事何種活動，無論是打球還是解決複雜的商業問題，績效表現等於個人潛能減去干擾因素之後的結果。

圖 2-2 心理預期 VS. 個人發展變強一循環示意圖

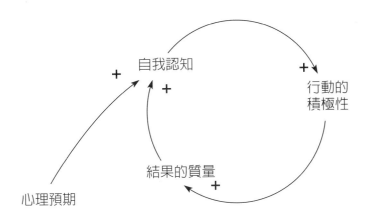

良好的心理預期不僅會激發個人潛能,而且能降低干擾,消除自我懷疑、錯誤的假設和對失敗的恐懼,從而提高個人的實際表現。心理預期不僅受到外在(企業文化、管理措施等)的影響,而且受到「內心戲」的主導,唯有從內心改變自我認知,更深一層的學習與變革才有可能發生。

所以在我看來,積極的自我認知是促進個人發展的不二法門。也就是說,成功是從相信自己可以成功開始的,如果你想成為專家,就得從相信自己可以成為專家開始。反之,如果你對自己充滿懷疑,自然很難全力以赴,結果當然也不會太好,這樣一來,你的內心深處就會更加深信自己做不到,

變成一個惡性循環。

1. 設定並保持良好的心理預期

那麼，怎麼才能設定並保持科學合理的心理預期呢？在我看來，關鍵要點包括兩個方面。

（1）明確定義何謂「成功」？ 雖然人人都渴望「成功」，但對於什麼叫做「成功」？多數人其實並不清楚。有人認為，很有錢就是成功；有人則認為，要幹出一番轟轟烈烈的事業，才叫成功……事實上，如果搞不清楚自己心中「成功」的定義，那就像盲人摸象，毫無章法甚至永無止境。

從字面意思來解讀，成功就是成就功業，達成或實現某種價值，獲得預期的結果。因此，成功是對個人某個結果或狀態的評價，它包含兩層含義：一是「成」，就是實現、達成（是個人想要的）；二是「功」（也就是有價值、有意義的結果）。成功既和個人的標準、期許緊密相關，所以這是高度個人化的，也有一定的社會標準或認可度。因此，如果你想做一件事也做成了，而且對於這個結果，你感覺有意義、有價值，那就是成功。當然，我們也不能據此便把成功定義為一個完全個人化的結論。試想，如果你想去殺人放火，你即便真的做成了，別人也不會認為你是成功的。因為人作為一種社會性動物，除了個人的價值、意義之外，還應遵守社

會普遍認可的一些規範。

　　事實上，對於某個人的狀態，他人也會基於自己的標準和對那個人狀態的瞭解（可能不準確、不全面），給出成功或失敗的評價。雖然我們個人不必太在意他人的評價，但不能忽略自己認可的價值是否符合社會規範。違背社會規範的結果、不被社會接受或認可的事情，即便符合個人預期，也不會給當事人帶來持久或穩定的成就感、滿足感，因而不應被定義為成功。

　　所以，一個清晰的關於成功的定義，概括而言都要包括兩個方面：一是個人必須有明確的目標，而且這些目標不僅對個人有意義，也應符合普遍適用的社會價值觀；二是有明確的結果或事實，證明個人確實達成了這些目標。

　　需要強調的是，我在此說的是「明確的目標」，而非籠統的期望，比如「賺很多錢」或「幹出一番事業」……這些都是一些模糊的描述，並非明確的目標。即便你真想「賺大錢」（事實可能並非如此），那麼，賺多少錢才能令你滿意，這也需要明確。如果不明確，那麼極可能在賺了 100 萬後，就又想著要賺 200 萬元……最後反而會讓自己迷失，總覺得賺的還不夠多。

　　同樣的，「幹出一番事業」其實也很模糊、不具體，沒有回答你到底要幹什麼事業、想幹到什麼程度這些很實質性

的問題。如果是這樣的話，你很可能會左右搖擺，今天看到一個機會就去做這件事，明天看到另一個機會，似乎比前一個機會更好，就又去做另外一個方向上的事。結果，同樣是迷失在歧路中，一事無成。

因此，只有目標明確、具體，才能衡量和評價是否成功。

同時，個人的目標越高遠、實現難度越大，達成目標所需的時間越長，而實現目標之後所獲得的滿足感（成就感）就越大。此外，個人目標的實現所創造出來的集體利益越大，社會對個人成功的認可度和評價就越高。

（2）**透過個人努力，實現目標**。設定目標之後，還要採取行動、克服困難，去達成自己想要的結果，這樣才能讓我們樹立信心，從而增強並保持良好的預期心理。這是一個艱難而現實的過程，需要你具備相應的能力，付出艱苦的努力，整合各方面的資源，並且具備一定的條件甚至運氣。這一個過程或易或難、或快或慢，甚至有時候可遇而不可求。

但是，只要你鎖定一個目標，堅持不懈，終會成功的一天。就像《荀子·修身篇》中所說：「夫驥一日而千里，駑馬十駕，則亦及之矣。將以窮無窮，逐無極與？其折骨絕筋，終身不可以相及也。將有所止之，則千里雖遠，亦或遲、或速、或先、或後，胡為乎其不可以相及也！不識步道者，將以窮無窮，逐無極與？意亦有所止之與？」意思是說，良馬

一天能跑一千里，劣馬跑十天也可以達到。但是要是用有限的氣力去追求無窮的事物，那豈不是沒有盡頭嗎？即使良馬跑斷了骨頭，走斷了腳筋，一輩子也趕不上啊！如果有個終點或目標，千里的路程或許遙遠，但也不過就是快點或慢點、早點或晚點而已，怎麼可能到不了目的地呢？

2. 成功的循環

對於每個人來說，既要樹立一個值得長期追求的遠大目標，也要將其分解為具體的、實現難度更小的目標。透過實現一些小小的成功，終可啟動一個「成功的循環」（見圖2-3），從一個成功走向另外一個成功，成功實現自己期望的遠大成功。

在（圖2-3）中，共有七個反饋循環，它們代表了對成功有影響的各種力量及其相互作用關係。

（1）現狀與目標的差距會激勵我們採取行動、改變現狀，逐步減少二者之間的差距。若目標得以實現，就會獲得成功（見圖2-3中，B1）。因此，目標會帶來成功。按照這一機理，現狀越靠近目標，差距就越小，相應的努力程度也就會降低。因此，如果沒有遠大的目標，即便能成功，也不是持續的成功，很可能只是「小富即安」。這是影響持續成功的一個障礙因素—「胸無大志」。

（2）如果現狀與目標的差距過大，也有可能產生降低目標的壓力，甚至有放棄的想法。這樣就會降低人們努力的程度，這是阻礙成功的另外一個因素—「情緒性張力」（見圖2-3中，B2）。

（3）上述兩種障礙因素儘管存在，但事實上，成功也會激發人們的熱情，使人們不斷調高自己的目標或追求，從而拉大現狀與目標的差距，激發人們付出更大的努力，帶來更多的成功（見圖2-3中，R1）。

因此，想要取得持續的成功，必須有遠大的目標和追求，而這來自你想做一番事業的「企圖心」。當你的企圖心越大，目標就越高遠、堅定，由此激發的改變現狀的努力就會越大，成功機率也就越多。所以，企圖心會帶來持續的成功。

（4）成功越多，個人的自信心就越強，個人就會越努力，相應地，成功也就越多。這是一個良性循環（見圖2-3中R2）。當然，如果沒有遠大的目標和謙遜的品格，成功也有可能導致一個人驕傲自滿，從而不再奮發努力。這也是成功的障礙因素，因為它在本質上和「小確幸」類似，所以在（圖2-3）中並未特意標註出來。

（5）成功越多，個人越自信、越努力，相應地，能力就會越強，就會有更多的成功，這就是另外一個良性循環（見圖2-3中，R3）。

圖 2-3 成功的循環

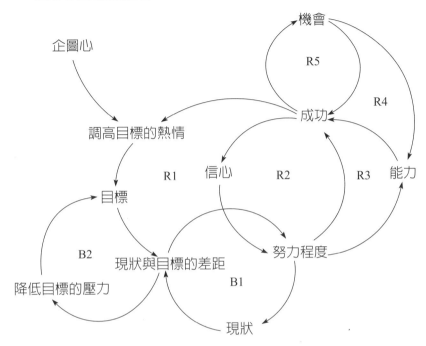

（6）能力的建立主要雖靠個人努力，但也離不開鍛鍊機會和相應資源。事實上，成功越多，表現越好，獲得的資源和鍛鍊機會就越多，個人能力就越強，也越容易成功（見圖2-3 中，R4）。

（7）誠如俗話所說「機會總是偏愛有準備的人」。能力越強、績效表現越好（也就是成功），更容易獲得並把握住機會，讓成功機率變大（見圖 2-3 中 R5）。從本質上講，這也

符合人類社會和自然界普遍存在的「富者越富」的基本思維。當然，嚴格說來，上述 R1～R5 這五個反饋循環都是往上走的，它們並不總是「良性循環」，也有可能是「厄運之輪」。

因此，要想成功，我們需要把握一些關鍵要素，使得它們朝著越來越好的方向運轉，這樣才能讓時間成為我們的朋友，讓一個成功帶來更多的成功，積累眾多的小成功，成就偉大的成功。

3. 把握五大關鍵，啟動「成功的循環」

要想啟動「成功的循環」，起初可能需要一些機緣，但是，關鍵要點包括下列五個方面。

（1）最重要的是，要有明確的目標和遠大的「企圖心」，找到自己的使命與願景，因為從根本上講，「企圖心」是每個人取得持續成功的原動力。

（2）在釐清自己的使命、願景與目標後，需要結合自己當前的實際情況，將其細化，制定出明確、具體的階段性目標，以及實現目標的策略。

（3）根據實現階段性目標的策略與計畫，協調各方資源並努力地把計畫推展到位，取得初步的成功。

根據上面所講的「成功的循環」，初期取得的成功將會帶來更多的成功。相反，如果初期開局不利，並未成功，就可能會挫傷自信心，影響能力的養成，導致喪失更多的機會，

讓「成功的循環」難以啟動。所以，精心準備，讓自己開始取得初期的成功，不容小覷。

（4）取得初期的成功之後，需要特別注重培養自己的能力，因為說到底，個人的成功主要取決於自身的能力。

那麼，如何判斷一個人是否有能力呢？在大多數情況下，應該看這個人能否根據實際情況，靈活地採取有效的行動，從而有良好的績效表現。因此，能力和績效是緊密相關的。雖然在現實生活中，影響績效的因素很多，有時候，即便你能力不高，靠著運氣或已有資源，也有可能有較好的績效表現。但是，這些績效表現只是暫時的，因為你不可能永遠擁有好運氣，如果沒有能力，資源也會用盡、枯竭。因此，要想取得持續的成功，還是需要依靠自身過硬的能力，就像俗話所講：打鐵還需自身硬。自身練就過硬的本領就是啟動「成功的循環」的核心環節。

（5）審慎並積極把握機會。如上所述，成功也離不開機會，所以我們要善於把握機會。面對機會，態度積極也應「謹慎」，因為機會無所不在，要想成功，我們必須認清自己的目標，判斷機會是否符合自己的方向，是否有助於自己目標的實現。如果不加以辨識，最後只能隨波逐流。

雖然取得小的成功並不困難，但要想持續獲得巨大的成功，並不容易。因此，如果能把握上述關鍵因素，就能啟動「成功的循環」，穩健地走上成功之路。

成長型心態 ── 持續學習的基礎

如上所述，每個人的心理預期會影響其努力程度。因此，你有什麼樣的心態，就可能有什麼樣的行為模式。而這就是史丹佛大學心理學教授卡羅爾 · 德韋克（Carol Dweck）的研究結論。

在做「如何面對失敗」的研究時，德韋克教授曾做過一個實驗：她給一群小學生一些特別難的字謎，然後觀察他們的反應。她發現，一些孩子會拒絕面對失敗，沮喪地丟開字謎，或者假裝對字謎不感興趣；另外一些坦然地承認和接受自己解不出字謎的現實；但是，也有一些孩子興高采烈地用不同方式嘗試挑戰這些解不開的難題。

一個孩子快活地說：「太棒了，我喜歡挑戰！」

另一個則滿頭大汗，但難掩愉悅：「猜字謎能讓我增長見識！」

德韋克隨即意識到，這個世界上確實有些人能夠從失敗中汲取動力，他們區別於他人之處在於其持有的信念是「成功和才能，是在挑戰中因努力而獲得的，並非固定值」。

她將這種心態稱爲「成長型心態」（Growth Mindset）。與之相反，擁有另外一種心態的人，認爲「才能是天生具備的一種相對固定的特質」，即所謂「固定型心態」（Fixed Mindset）。

面對失敗，持有成長型心態的人會認爲：智力不是固定值，而是可以後天培養、成長和開發的。因此，他們願意接受挑戰與回饋，並會更快地調整。相反，擁有固定型心態的人，則認爲是自己的才能或智慧不夠，不願意承擔風險和付出努力，他們把承擔風險和努力嘗試當作有可能暴露自身不足的潛在威脅。因此，正如德韋克所說：「在她二十多年關於兒童和成年人的研究中發現，你所持有的觀念，深深地影響著你的生活之路。」

那些相信智力和個性能夠不斷發展的人，與認爲智力和個性是根深蒂固不可變、本性難移的人相比，生活之路會有顯著不同的結果。所以，要想成爲終身學習者，你必須改變自己的心態。在我看來，學習是一扇只能由內向外開啓的「心門」。

如果你認爲自己已經無所不能，什麼都知道了，不再需要學習了，或者認爲自己的智慧與能力都已經固定了（固定型心態），或者認爲自己學不動了，這些觀念都是你的「所藏」，它們會限制你以開放的心態接納資訊（將受），那就

不是荀子所講的「虛壹而靜」中「虛」的狀態，也就沒辦法「知道」了。而秉持「成長型心態」的人，即便已經有了很多知識、技能或經驗，也會持續地接納新的挑戰，關鍵就在於他們的狀態是「虛」的。

如果你現在還沒有成功，只是說明你的努力還不夠，或者還沒有找到適當的方法以及機會。而既然轉換心態、保持開放是你開始學習、改變與成長的第一步，那麼，如果你現在是固定型心態，怎麼轉換為成長型心態呢？

按照德韋克教授的看法，將固定型心態轉換為成長型心態，包括以下四步。此外請記住：唯有心態轉變，你才能開啟學習的大門。

- 覺察：上述測試以讓你發現一些線索，如果你面對錯誤、挑戰、批評、遭遇挫折，或者任何時候懷疑自己的能力、找藉口或想放棄時，你的內心深處可能都隱藏著固定型心態。
- 暫停：覺察到固定型心態起作用時，你應該暫停，然後深呼吸或者換一個環境，試著去意識到你自己還是有選擇的，你可以接受自己沒有天賦或能力的現實，也可以換個觀念，接納成長型心態。
- 思考：我們人類是透過語言來思考的，有什麼樣的語言就反映了我們有什麼樣的心態。因此，如果我們在

面對同樣一種狀況時，換一種說法，久而久之，就可以影響乃至改變我們的心態。如果你願意嘗試培養成長型心態，那麼，當遇到下列狀況時，不如嘗試換一種回應方式（參見表2-1）。

· 行動：按照成長型心態的回應方式去行動，逐漸將其內化為自己可以習慣性採納的反應模式。

表 2-1 換一種說法，換一種心態

關於……	原來的說法	新的說法
理解	我就是不明白……	我忽略什麼了嗎？
放棄	我不幹了	讓我再試試其他方法
錯誤	糟糕！我居然犯錯了……	犯錯能讓我變得更好
困難	這實在太難了	我可能需要更多時間和精力（才能搞定）
成績	這樣就已經很好了	這真的已是我的極限了？
聰明	我不可能像他一樣聰明	她是怎麼做到的？我也要試試看
完美	我無法做得更好了	我還能做得更好，我要再繼續努力。
否定	我……這不太好吧	對於……我需要再加強訓練
能力	我不擅長這個	我正在提升

製表人：作者

保持開放的心態

在我看來，好奇心與開放的心態是學習與創新的「分水嶺」。也就是說，如果能夠保持好奇心與開放的心態，就會產生學習與創新，否則，學習與創新就難以發生。就像橋水基金（Bridgewater Associates）創始人雷蒙德・托馬斯・達利奧（Raymond Thomas Dalio）所說：「對於快速學習和有效改變而言，頭腦極度開放、極度透明是無價的。如果你頭腦足夠開放、有決心，你幾乎可以實現任何願望。」**2**

在達利奧看來，要做到頭腦極度開放，你必須做到以下幾點。同時，達利歐還列出了頭腦開放和頭腦封閉的不同跡象（見表 2-2）。

- 真心相信你也許並不知道最好的解決辦法是什麼，但你卻明白，與你知道的東西相比，能否妥善處理「不知道」才是更重要的。
- 認識到決策應當分成兩步驟：先分析所有相關資訊，然後再下決定。
- 不要擔心自己的形象，應該先關心如何實現目標。

表 2-2 開放 VS. 封閉─觀念不同所產生的跡象

觀念較封閉的人	觀念較開放的人
不樂見自己提出的觀點被挑戰	更想瞭解為什麼會出現分歧？
常因無法說服對方而沮喪，而非好奇對方為何會持不同意見？並在搞砸事情時，心生負面情緒。	當其他人不贊同時，也不會發怒。
更關心自己能否被證明是對的，而非提出問題或瞭解其他人的觀點。	明白自己有可能是錯的，值得多花一點時間考慮對方的觀點，確定自己並未有所疏忽或犯錯。
更喜歡做陳述，而不是提問。	不時地提出問題，權衡自己對當前議題進行決斷的相對可信度，確定自己應該扮演何種角色？
更關心自己是否被理解，而非理解他人。	經常覺得有必要站對方的立場看待事物
習慣說：「我可能錯了……但這是我的觀點。」這是典型的敷衍式表態，藉此堅持自己的觀點，甚至覺得自己是開明的。	知道何時該做陳述，何時提問。
阻撓他人發言	更喜歡傾聽而不是發言，鼓勵其他人表達觀點
無法同時抱持兩種想法，總想著讓自己的觀點獨大，排擠其他的觀點。	會在考慮他人觀點時，保留自己深入思考的能力，同時思考兩個或更多相互衝突的概念，反覆權衡其相對價值。
缺乏深刻的謙遜意識	看待事物時，總是在擔憂自己可能是錯的。

製表人：作者　資料來源：邱昭良整理，參考《原則：生活和工作》（Principles：Life and Work）P.195～P.196）

- 認識到你不能「只產出卻不吸收」。
- 明白為了能從他人角度看待事物，你必須暫時擱置判斷，只有設身處地，才能合理評估另一種觀點的價值。
- 謹記：你是在尋找最好的答案，而非是你自己能創造出最好的答案。
- 務必明白你是在爭論還是試圖理解一個問題，並根據你和對方的互信基礎，想想看哪種做法最合理。

那麼，如何保持開放的心態呢？

在我看來，想要成為一個頭腦開放的人，並非一蹴而就，而且因人而異。有人也許無須刻意訓練就能有較高的開放度，有人則很難被訓練，甚至四處碰壁後仍然執迷不悟。就像孔子所說：「生而知之者，上也；學而知之者，次也；困而學之，又其次也；困而不學，民斯為下矣。」（以上出自《論語・季氏》）當然，大多數都可以透過學習，或多或少地提高頭腦的開放性。為了訓練並提升心態的開放性，需要從三個方面來努力。

第一，信念

因為我們的思維與行動都會受到信念、成見與規則的影響，因此要保持心態的開放，需要具備相應的信念與規則。

為此，你應該：

（1）相信世界是複雜的，自己不可能瞭解所有的事實與真相。

（2）相信自己不是萬能或完美的，總有可能是錯的。

（3）相信任何人的觀點都有其價值。

（4）相信世界是千變萬化的，就算有原則與規律，卻也千差萬別（甚至完全相反）。

（5）相信人與人之間有競爭也有合作，人雖有私心，但也會顧及「公義」。

（6）相信任何事情都有多種可能性，並不是「非此即彼」。

這並不是一個完全清單，你可以根據自己的實踐進行總結、提煉、補充、完善。同時，它們也不應該只是我們「信奉的理論」，而是要身體力行，使其成為我們「實踐的理論」。

第二，反省

保持開放的頭腦，體現在思考過程中的各種思維習慣和偏好。具體來說，你可以透過下列的反省機制，試著改善自己心態的開放性：

（1）想想自己經常在哪些方面做出糟糕的決策，也可以邀請他人幫你發現自己的盲區或弱點，最好能把它們寫下來，

放在你能夠隨時看到的地方，每當你準備在這些方面自行做出決定（尤其是重大決定）的時候，一定要提醒自己格外慎重。

（2）隨時想一想其他人看到了什麼、會有什麼樣的觀點。

（3）當你確信自己已有正確的觀點，別人的觀點都是錯誤的，請再想一想，還有沒有其他可能。

（4）對於每種常用的策略或做法，都再想一想有沒有其他可行的替代方案。

（5）當別人挑戰你的觀點時，先深呼吸，讓自己冷靜下來，擱置判斷，按捺住內心「妄下定論」的聲音，專注地聆聽並真心探詢其觀點背後的理由。

（6）當很多可信的人都說你正在做錯事而你並不這麼認為時，一定要想想自己是否看偏了或者忽略了什麼。必要時，可以諮詢某個你和他人都尊重或認可的協力廠商的意見。

（7）凡事都列舉多種可能性，不要只給出一、兩種選擇（事實上也不存在只有一、兩種選擇的狀況）。

第三，養成習慣

因為心智模式是隱而不見的，想要保持開放的心態，你需要使其成為一種習慣，甚至是下意識的行為。為此，你應該：

（1）保持強烈的好奇心和探索精神。

（2）欣賞每一個新的發現，慶祝每一次新的做法。

（3）重視證據，分清事實與觀點，保持理智、客觀的獨立思考。

（4）用心觀察，從多個角度或管道獲取資訊。

（5）多進行正向思考、冥想等練習。

（6）學習系統性思考，藉此提升自己的思維力、反省與決策能力。

（7）面對重大決策時，務必明確做好分工與職責劃分，建立成功模式。

（8）注重團隊搭配，尊重並擁抱不同的觀點，專注聆聽並主動探詢。

需要說明的是，保持開放的心態是學習與創新的基礎，但它隨時可能「退化」、逆轉，需要我們持續堅守。記住：每一年、每一天，都要反省自己是否做到了這一點！

阻礙學習的十二個地雷區

要實現持續學習與成長，除了要保持開放的心態，我們也要打破、去除阻礙學習的一系列不當信念。事實上在現實生活中，這些信念比比皆是。

1. 自我設限

每個人心中都有各式各樣的信念、成見以及假設、規則，無論是對自己還是他人，以及周圍的世界，它們無時無刻不在影響我們的思考與行動。例如，你若認為自己數學不好，無形之中，你就會產生害怕困難的情緒，在學習數學時便不會全力以赴，結果，你真發現自己學不好，這會進一步增強你的執念，以後就更有藉口不學了。

再者，很多人認為自己老了，學不動了，這其實也是一種自我設限。當你心生這種念頭之後，你的大腦就會在你的注意力系統裡設置一個標籤，它會影響你的行為與思考，讓你真感覺學不動了。相反地，如果你沒有這個設限，認為自己仍有各種可能，你就會全力以赴，自然也就有了無限可能。

所以，不要自我設限，要以開放的心態，去發掘自己的
最高潛能。

2. 妄下定論

因為我們內心存在許多的信念、假設與成見，它們如此
根深蒂固，以至於

當我們看到某些東西，幾乎不假思索地便會立馬得出一
個結論。比如：

「這個東西就是這樣的……」

「他做事情總是這麼拖拖拉拉的……」

「這個東西對我沒有用……」

「這個東西我已經見過了，並不新鮮……」

這些結論是受到我們既有心智模式而形成的，如果妄下
定論，就沒有機會對其進行反省和改進，我們就會成為自己
心智的囚徒。許多人可能認為快速決斷是有能力、敢擔當、
有效率的體現，但是，面對複雜的世界，這一論斷並不是絕
對的。

事實上，領導者真正的難題在於平衡決策的品質和效
率。除非在特別緊迫的情況下，哪怕憑直覺或扔骰子都可以
馬上做出決定，但是如果有時間，還是應該盡可能提高決策
的品質，尤其是特別複雜、重大的決策，決策品質更是優先

於決策效率。就像彼得‧聖吉所說：「缺乏整體思考的積極主動，經常導致想對策比提問題更糟糕。」因此，對於一些重要決定，我們應該放慢思考的腳步，三思而後行。

3. 當思考受到侷限

雖然我們都認可要培養大格局的觀感，要換位思考，要多贏，但在現實生活中，從自己的本位出發、侷限思考幾乎堪稱人類思維的天性之一。

首先，人的基本需求是生存，而與人們生存最為緊密相關的就是其身處的周邊世界。為了維持生存，人的本能是密切地關注自己本位周邊的危險信號。離我們比較遠的資訊，要麼不可得或信號微弱，要麼沒有那麼迫切或重要，我們通常並不會優先處理。因此，本位主義、侷限思考在某種程度上是人保護自我的本性使然。

其次，本位思考也與資訊的對稱、是否公開透明存在著一定的聯繫，是人的認知系統內一系列過程或要素相互影響或作用的結果（見圖 2-4）。簡言之，人們獲取「本地」資訊更加容易，獲得的本地資訊越多，對本地的認知就越多，就會逐漸形成強烈的本地信念，從而更加關注本地資訊（見圖2-4 中，R1）。[3] 與此同時，出於獲取全域資訊的侷限性，人們獲取不到足夠的全域資訊，無法建立全域信念，而本地信

念的強化又進一步削弱了人們對全域資訊的關注，使得人們獲取全域資訊的能力被削弱，更加無法獲取充足的全域資訊（見圖 2-4 中，R2）。逐漸地，人們便形成了牢不可破的侷限思考模式。

為了打破侷限思考模式，看到系統中的其他部分乃至全域和整體，我們一方面需要增加對大局的關注，想一想系統中其他人會看到什麼？得出什麼結論？採取什麼行動？同時，透過學習並應用系統思考的技能和方法，比如我發明的「思考的羅盤」，看到構成系統的各個實體之間的互動與聯繫，乃至系統全局與整體的結構，也有助於打破「盲人摸象」或本位主義的窘境。4

此外，組織領導者也要採取措施，透過加強溝通、打破壁壘，促進資訊開放，降低組織成員獲取全域資訊的難度。

圖 2-4 侷限思考的成因分析

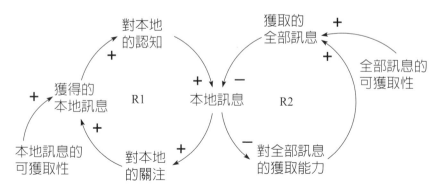

4. 以我為尊

在哈佛大學成人發展和學習領域的專家羅伯特・凱根看來，人們在年幼時，理解世界的方式非常簡單；其後才逐漸看到並了解世上原來蘊含著許多豐富而細微的轉變。當我們意識到這一點，便會開始質疑自己過去的假設。發展直到青少年時代，人們慢慢養成「以我為尊」的心智結構，主要表現為：只能接受自己的觀點，別人的觀點是神秘、看不透的，僅能用自己看到的資訊推斷他人意圖；同時，人們理解普世價值觀時，主要依靠外在的規章制度或來自權威的教導，當兩個外在權威不一致時，就會產生挫敗感，但不會造成內心的矛盾。雖然上述心智結構多出現在青少年身上，但也有少量成年人持有類似的心智層次。**5**

如果你只在乎自己的感受，無法理解他人的觀點，只相信「我是對的」、「事情就應該這樣……」、「我想要……」，你的心智結構就可能處於「以我為尊」的層次上。這樣一來，你就無法有效地學習，甚至無法順暢地參與團隊合作。

為了妥善適應複雜的世界，我們需要學習理解他人的觀點，駕馭無所不在的衝突，形成自己可以掌控的評價原則與信念體系，而且能夠對其持續進行反省、優化，從而促進個人心智結構的成長。

5. 墨守成規

在羅伯特・凱根看來，大多數成年人的心智結構都是「規範主導」的，具體表現為：他們可以接納他人的見解，被他人影響或被環境同化，但是，他們決策的依據主要來自對他人價值觀、原則或角色的內化。換言之，他們會以外部（他人、群體）的觀點來看待世界、判斷對錯、做出取捨。即便他們認為那是自己的觀點，但這些實際上仍來自外部的人員、群體或機構。

由於這些信念或規則根深蒂固，很多人變得墨守成規，這也不行、那也不能，拒絕或排斥一切新的思想或做法，即便是環境變了，他們依然按照原有的規則行事，這樣就難以創新與變革。

對此，我認為大家應該意識以下三點：一是，每一個規則都有其適用範圍或前提條件，最好能夠將這些條件明確列出來，以提醒自己；二是，如果條件變了，規則也可以或應該調整；三是，在運用規則時，應該透過現象看到本質，釐清目的和精髓，畢竟規則是人定的，形式要以服務於目的，切勿淪於教條化或「本位主義」。

6. 歸咎於外

　　在職場中，每個人都希望自己是稱職的，都認為盡心盡力是美德，如果自己盡力了，那麼當問題出現時，很多人的第一個反應就是「這不是我的錯」、「一定是其他人的責任」。雖然我們不排除對於某個具體問題，你的確可能是沒有責任的，但是如果對於任何事情都採取這種「歸咎於外」的策略，就會失去自我反省、尋找和改善不足的學習機會。

　　因此，要想產生學習與創新，需要像荀子所說：「見善，修然必以自存也；見不善，愀然必以自省也。」（以上出自《荀子‧修身》）。見到善的行為，一定要認真地反省、檢查自己是否有這類行為；見到不善的行為，一定要嚴肅地檢討自己是否也有類似行為。多多自我反省，才能更快地學習；總是指責或抱怨別人，期待他人改變，就很難自己成長，也可能會很受傷。

7. 非此即彼

　　在我們身邊，總有一些人似乎生活在「二元世界」裡，認為事物都是非黑即白、非此即彼的，他們總是要分清對錯，區分你我，辨出黑白、美醜、善惡、忠奸。但是，我們所在的世界其實是複雜的，在黑與白之間依舊存在著各種不同程度的「灰」。

就像珍妮弗 · 加維 · 貝爾格（Jennifer Garvey Berger）所說，黑與白之間是由一連串不同程度的灰度組成的連續過渡體，黑與白創造出了灰，但在很多方面，它們相互創造出了彼此。因此，我們要多多欣賞並接納別人的觀點，尤其是不符合自我預期的觀點，學會容納灰度與模糊性，在保持獨立思考的同時，相容並蓄，看到黑與白之間存在著各種各樣的灰度。事實上，所謂成長，不僅是獲取新的技巧或知識，更在於思考方式的**轉變**，以及看到世界「複雜性」的能力的提升。

8. 專注於特定事件

如上所述，出於生存的需要，人們不僅更加關注周邊的資訊，而且更加注重短期內的事件。由於時間就像一條永不停息的河流，各種各樣的事件也會持續不斷地發生，因此，大多數人會被各種事件的洪流脅迫，應接不暇，就像彼得 · 聖吉所說：「我們都有一種慣性思維，即把生命看成一系列分立的事件，而每個事件都該有一個顯而易見的起因。如果大家的思想都被短期事件主導，那麼一個組織就不可能持續進行更富創造性的生成性學習。」**6**

為了克服這一組織學習智障，人們需要掌握系統思考的技能，既要透過現象看到本質（也就是驅動系統行為動態背

後的關鍵要素，及其關聯關係），也要從具體的事件中抽離出來，擴大關注的時間及範圍，發覺相關事件背後所隱藏的長期（有可能是緩慢的、漸進的）規律、趨勢或模式。**7**

9. 片面思考

　　為了生存，面對外界的狀況，人們要快速做出反應。為此，在多數情況下，人們只能基於自己的經驗、習慣，以及頭腦中已經熟悉的模型、程式來進行思考、決策，久而久之，就容易形成片面思考的弊病。就像荀子所說：「凡人之患，蔽於一曲，而闇於大理……故為蔽：欲為蔽，惡為蔽，始為蔽，終為蔽，遠為蔽，近為蔽，博為蔽，淺為蔽，古為蔽，今為蔽。凡萬物異則莫不相為蔽，此心術之公患也。」（以上出自《荀子・解蔽》）。意思就是說：「大凡人的毛病，就是被事物的某一個局部或側面所矇蔽，而看不到全域或者明白整體的道理。」那麼，什麼東西會使人們被矇蔽呢？欲望會造成矇蔽，讓人愛屋及烏，所謂「情人眼裡出西施」，憎惡也會造成矇蔽，讓人「一葉障目，不見泰山」；只看到開始會造成矇蔽，讓人產生錯覺或誤導；只看到結果會造成矇蔽，反而忽略過程中可能出現的各種異常狀況；只看到遠處會造成矇蔽，讓人缺乏對細節的瞭解；只看到近處也會造成矇蔽，讓人看不清大局和整體；經歷廣博會造成矇蔽，讓人自以為

是或多疑；經歷少也會造成矇蔽，讓人難以把握本質或關鍵；只關注過去會造成矇蔽，讓人忽視現在的狀況；只關注現在會造成矇蔽，讓人無法以史為鑑，應對不當。

事實上，大凡事物都有不同的對立面，無不會交互、造成矇蔽，這是思想方法上一個普遍的禍害。

的確，只要我們還沒有開悟、成為聖人，我們的思維中就會有各種各樣的「蔽」，無時無刻不受到矇蔽。那麼，到底怎樣才能除「蔽」呢？

《荀子‧解蔽》中指出：「聖人知心術之患，見蔽塞之禍，故無欲、無惡、無始、無終、無近、無遠、無博、無淺、無古、無今，兼陳萬物而中縣衡焉。是故眾異不得相蔽以亂其倫也。」意思是說：「聖明的人知道思想方法上的毛病，能夠看到被矇蔽的禍害，所以，他們既不只讓愛好支配自己，也不只讓憎惡支配自己；既不只看到開始，也不只看到終了；既不只看到近處，也不只看到遠處；既不只注重廣博，也不會安於淺陋；既不只瞭解過去的做法，也不只知道現在的做法。」總之就是，他們同時擺出各種事物，看到事物的各個方面，並根據一定的標準進行權衡。

這樣，他們就能搞清楚眾多的差異與對立面，不讓它們互相掩蓋，亂了條理。對照現代成人發展心理學的研究可以看出，這樣的人具備了自主導向以及內觀自變的心智結構，

可以應對眞正的複雜性。**8**

10. 習而不察

在《第五項修煉：學習型組織的藝術與實踐》
（The Fifth Discipline: The Art and Practice of the Learning
Organization）一書中，彼得・聖吉透過「溫水煮青蛙」的
寓言告訴我們，對於環境中突發的劇烈變化，人們可以覺察
並做出反應，但對於緩慢、漸進的改變，卻有可能習而不察。
如果不能留意到那些微弱但是可能致命的變化趨勢，我們就
有可能成爲那隻沉浸在溫柔鄉，被慢慢煮死的青蛙。

雖然有些人對這個寓言不以爲然，甚至認爲它有些危言
聳聽，但是如果你瞭解了心智模式的運作理論及其特性後，
就會知道這並非危言聳聽，而是眞實存在，它可能正發生在
我們每個人身上。就像組織學習大師克瑞斯・阿吉裡斯（Chris
Argyris）所說，絕大多數人從幼年時期就開始學習應用 I 型
實用理論，即單方面地控制局面，採用推銷或勸說的策略，
爭取得到他人的支援，甚至會使用一些所謂「善意的謊言」
加以掩飾，「既給自己面子，也給人面子」。

但是，這樣的策略不可避免地會使人陷入窘境和矛盾
之中，不僅誤解、曲解別人的行爲，也會令自己疲憊不堪、
自我封閉。到了成年之後，他們或可更加純熟地應用這類理

論，卻經常陷入無法達成目標的境地。因此，在阿吉裡斯看來，他們之所以陷入「無能」的境地，恰恰就是因爲他們太熟練地使用 I 型實用理論，因此，他將其稱爲「熟練的無能」（Skilled Incompetence）。**9**

要想擺脫「熟練的無能」，讓自己有一雙敏銳的眼睛，就需要主動覺察到隱而不見的深層行動模式和基本假設，學習從不同視角觀察事物，運用多種邏輯、價值觀念及偏好進行全方位解讀、睿智決策，透過檢視、反省行動的結果，促進心智模式的改善。

11. 習慣性防禦

在阿吉裡斯看來，人的頭腦中有兩套指導人們思考與行動的程式：一是我們「信奉的理念」，也就是我們認爲什麼是對的、什麼是錯的這樣一些價值判斷的標準；二是「實踐的理論」，也就是實際指導我們行動的價值標準或原則。兩者並非完全一致。比如，有的領導口頭上說「歡迎大家暢所欲言」，甚至他們自己內心也是這麼認爲的，但是在實際會議桌上，通常是一聽到和自己想法不一致的意見時，就會批評或打斷別人。

但是，傳統價值觀認爲人要「言行如一」。因此，如果「信奉的理念」和「實踐的理論」不一致，人們就會找出一

些理由去解釋或掩飾這些不一致，甚至對這些掩飾的行為進行掩飾。

阿吉裡斯將這種行為稱為「習慣性防衛」，它就像一層堅硬的「殼」，讓我們難以反省，難以覺察自己深層次的內在不一致，也就難以進行深刻的學習與創新。對此，羅伯特‧凱根（Robert Kegan）也有類似觀點。他的研究發現，人和組織的變革之所以這麼難，是因為我們內心存在兩套相互矛盾的期望，一套是我們期望的改變，例如「要多陪伴孩子」、「對下屬要多一點耐心」、「要堅持鍛煉」，另外一套是隱藏得更深的期望，或者對痛點的逃避，比如「要求自己在工作上投入更多精力」、「擔心孩子不夠優秀」、「不要輸在起跑線上」……這種內在心理結構上的矛盾或衝突，經常導致變革的失敗。**10**

要克服習慣性防衛的影響是非常困難的，需要經過長期的努力、更深層的反省。

12. 不良的心態

畢卡索曾經說過，每個孩子都是天生藝術家。但是，為什麼長大以後，許多人的創造力就逐漸喪失了呢？在我看來，原因之一就是，隨著我們閱歷與經驗的增加，我們的好奇心在降低，再加上成年人有了「面子」意識，為了保護自己的

面子或者顧及他人的面子，不再提出問題、嘗試新的做法，這些不良心態是創新與學習的大敵。因為只有不怕失敗，人們才願意嘗試新的做法。相反，如果害怕失敗，或者對學習或創新有過負面體驗，就會讓人畏首畏尾，選擇更為穩妥的模式，照章辦事，或者抱有「寧可不做，不可做錯」的心態。

事實上，就像著名心理學家喬納森‧大衛‧海特（Jonathan David Haidt）所說：「我們每個人的大腦中，都住著一頭大象和一個騎象人」。大象是我們大腦中自動化處理的系統，包括人的內心感覺、本能反應、情緒和直覺等；騎象人則是有意識地思考，理性控制過程。在大多數情況下，這兩套系統能和諧共處，但因為它們具有不同的特性，有時也會發生衝突。若發生衝突，取勝的毫無疑問是大象。如果我們被情緒所控制，就很難進行客觀、理性的思考。**11**

因此，很多優秀的企業都非常重視甄選，招聘勇於創新、積極進取的學習型人才，並營造開放、平等、自由、鼓勵創新、寬容失敗的文化氛圍，以此來保護和培養員工健康的學習心態。

★何謂心智模式？你的理解是什麼？

★心智模式如何形成？與學習之間有何關聯？如何影響或在學習上發揮作用？

★參考書中的標準來測試：你是成長型，還是固定型心態？若屬後者，它是否影響你的學習與成長？

★對你來說，心態的開放程度有多大？如何改進？

★你心裡是否存在著影響學習的障礙性心智模式？

1. 古代的人們不瞭解大腦的作用，認為「心」是思考與行動的主宰，讀者在理解時必須有選擇地接納。

2. 《原則：生活和工作》（Principles：Life and Work）瑞・達利歐 Ray Dalio 著；陳世杰、諶悠文、戴至中 譯；商業周刊出版，2018..

3. 「本地」在此指的是那些在時空上與我們更為接近的事物，即從空間上「與我們緊鄰的事物」、從時間上「在不久的過去和將來」。

4. 《如何系統思考》2 版・邱昭良 著；北京：機械工業出版社，2021.

5. 《領導者的意識進化：邁向複雜世界的心智成長》（Changing on the Job）珍妮弗・加維・貝爾格 著；陳穎堅 譯；水月管理顧問有限公司，2021.

6. 《第五項修煉：學習型組織的藝術與實踐》（The Fifth Discipline: The Art and Practice of the Learning Organization）彼得・聖吉 著；張成林 譯；北京：中信出版社，2018.

7. 《如何系統思考》2 版・邱昭良 著；北京：機械工業出版社，2021.

8. 《領導者的意識進化：邁向複雜世界的心智成長》（Changing on the Job）珍妮弗・加維・貝爾格 著；陳穎堅 譯；水月管理顧問有限公司，2021.

9. 《克服組織防衛》阿吉裡斯 著；郭旭力、鮮紅霞 譯；北京：中國人民大學出版社，2007.

10. 《變革為何這樣難》凱根，拉海 著；韓波 譯；北京：中國人民大學出版社，2010.

11. 《象與騎象人：全球百大思想家的正向心理學經典》 強納森・海德 著；李靜瑤 譯；究竟出版社，2020.

明確「目標」

最近，李天豐心裡比較亂。實習結束之後，自己被指派為售前技術支援。這個職務需要很多專業知識，不僅要瞭解本公司產品的特性、技術規格，還得瞭解使用者的需求、應用場景以及競爭對手的資訊，做出有競爭力的解決方案。儘管自己在大學期間學的是理工科，但課本上的知識和客戶真正需要的解決方案還真不是同樣一件事。為此，李天豐花了很多時間查資料、閱讀以前客戶的投標方案、請教有經驗的高手，幾乎可說是連滾帶爬，這才總算有了一些些感覺，覺得自己應該可以上手了，但心裡依舊是七上八下的……。

可是，部門主管老高前幾天找他聊天，表示公司近期因為業績壓力大，需要員工協助拓展客源，所以問他願不願意考慮調部門去跑業務。

李天豐知道，業務與與售前技術支援是兩個性質完全不同的工作，前者需要常與客戶打交道，後者則更偏重專業或技術導向。

「要不要調部門？是應該把現在的崗位進一步做好，做成專家，還是轉到新崗位上，接受新挑戰，鍛煉新技能？」

「要是調部門的話，我能行嗎？」李天豐陷入了沉思。

固沙培土 — 成爲「專家」的第二次突變

　　在完成了第一次突變「碎石爲沙」之後，要成爲專家，你還要「打理」自己的「心田」。那麼，如何將一片浩瀚的流沙轉化成肥沃的良田呢？

　　借鏡人類治沙的經驗，我認爲，要從一片流沙中培育出良田，首先需要紮草方、「固沙」；其次，選擇一小塊沙地，播下「種子」或移植「幼苗」，悉心培育，使其逐漸轉化爲具有一定的營養成分、既不鬆散也不會結塊的塊狀物，即是「土」。「有一定營養成分」指的是相關成分配比適當，能支撐作物的成長；「不散」指的是有一定的結構和關聯；「不結塊」指的是不封閉，可以吸收、接納新的元素。伴隨著幼苗的壯大，慢慢改良土壤的品質，擴大土地的面積，就可以種下更多的「種子」、幼苗……這樣，一塊接著一塊，不斷延展、加寬、變厚。經過一定時間的累積，就會形成豐厚肥沃的土壤。

　　因此，要打理你的「心田」，你必須回答如下五個問題：

　　·面對無垠的知識海洋，你想從哪裡開始？

- 對於你準備在其中安身立命的領域，它的框架是什麼？由哪些關鍵構成，其中的關聯性又是如何？
- 你確定已掌握哪些知識或技能？
- 想成為專家，你所面臨的主要障礙（或差距）、挑戰是什麼？
- 你準備採用何種策略去應付挑戰，彌補差距？哪些資源或條件可以幫助你？

借鏡上述行之有效的「治沙」智慧，按照成為領域專家的「石、沙、土、林」的隱喻，要想實現第二次突變「固沙培土」，建構起自己的知識體系，你需要掌握下列五項核心技能：

第一，選定你要聚焦的領域。

第二，釐清所在領域的知識架構，即該領域的知識是由哪些部分構成？它們之間的關聯性又是如何？就像把沙漠區隔出一個一個方格。

第三，自我評估，設定科學合理的目標。

第四，明確策略，制訂具體可行的實施計畫。

第五，按照計畫去付出努力，一步一腳印地實現目標，啟動「成功的循環」（參見第二章），讓一個成功帶來更多的成功。累積若干小的成功，成就巨大的成功！

不要奢望成為一位通才

英國詩人、政論家約翰 · 米爾頓（John Milton）是一位承前啟後的人物。在他之前的有識之士，是全知全能的通才；在他之後的學者，則是擁有各類專門資訊與知識的專才。

為什麼這麼說？

那是因為在米爾頓的那個年代，大英圖書館的總藏書不到四萬冊，卻幾乎已囊括了當時人類所需的全部知識。做為一位渴求各種知識的讀者，米爾頓每天讀兩本書，直到三十歲時已讀完了一萬五千本書，等到他五十歲，他已讀過大英圖書館的大部分圖書……。

但是直到今天，卻再也不可能出現米爾頓這種，掌握人類大多數領域知識的通才了。

為什麼呢？

首先，根據粗略統計，直到 2010 年，人類已累積出版超過一點三億種圖書。[1] 要在有生之年讀完這些書，肯定是不可能的。

其次，僅主流出版社每年就出版二十五萬種圖書，現代

「米爾頓」們若要想讀完這些書，這代表你每天必須讀十五本書，而且連續讀上五十五年才行，但這會讓你根本沒有時間消化每年發表的一百五十萬篇學術論文。因此，在知識爆炸的當今時代，你不要奢望成為一位通才。畢竟誠如俗話所說「隔行如隔山」隨著人類社會分工越來越細，每個細分行業都有大量的概念、經驗與技能。想要成為專家，你必須聚焦於一個或少數幾個細分領域。

如果不能明確自己希望在其中安身立命的細分領域，你就會像二千多年前的莊子那樣，徒然發出類似感歎：「吾生也有涯，而知也無涯。以有涯隨無涯，殆已！」（以上出自《莊子‧養生主》）很顯然地，每個人的生命是有限的，但知識卻是無限的、沒有邊界的，而且還在快速更新、拓展中，如果沒有聚焦，要想用個人有限的生命去追求無限的知識，那肯定是不明智的行為，也必然會失敗。

的確，在現實生活中，我們也見過一些所謂的「好學」年輕人，利用幾乎一切零碎時間，透過各種 App 來學習線上課程或讀書，今天聽這個大師講領導力，明天聽那個成功人士分享經驗，但可惜的是，到頭來仍然一事無成。

為什麼會這樣呢？

畢竟他們欠缺的不是努力，那又到底差在什麼地方呢？

我個人認為，要回答這個問題，關鍵有兩點：一是，你

是否明確了自己要專注的領域？二是，你是否有明確的目標與策略？

在我看來，要想有所成就，必須明確你所關注的領域。也就是說，什麼是你希望鑽研、有所建樹的知識領域？這就是你安身立命的基礎。只有聚焦於一個細分領域，你才有可能深入並有所建樹。若興趣過於廣泛、精力太過分散，那就可能導致沒有一顆種子能成功活下來，因為它們都需要你的呵護，需要你花費時間照顧，而我們每個人的時間和精力總是有限的。

誠如荀子所說：「螾無爪牙之利，筋骨之強，上食埃土，下飲黃泉，用心一也。蟹六跪而二螯，非蛇蟺之穴，無可寄託者，用心躁也。是故無冥冥之志者，無昭昭之明；無惛惛之事者，無赫赫之功。行衢道者不至，事兩君者不容。目不能兩視而明，耳不能兩聽而聰。」（以上出自《荀子·勸學》）

意思是說，蚯蚓沒有銳利的爪子和牙齒，也沒有強壯的筋骨，但牠向上能吃到泥土，向下可以喝到地下的泉水，這是因為它用心專一；螃蟹有六條腿、兩個蟹鉗，但如果沒有蛇或鱔的洞穴，牠就無處棲身，這是因為牠心浮氣躁。所以，一個人要是沒有潛心鑽研的精神，就無法擁有洞察事理的明智；沒有默默無聞的工作，就不會有顯赫卓著的功績，行走在歧路上是到達不了目的地的。同時侍奉兩個領導，是不可

能被雙方所接受的。這就像眼睛不能同時看清楚兩樣東西，耳朵不能同時聽清楚兩種聲音的道理一樣。

所以荀子說：「心枝則無知，傾則不精，貳則疑惑……故知者擇一而壹焉。」「自古及今，未嘗有兩而能精者也。」（以上出自《荀子・解蔽》）如果你的思想意志分散，就不會有洞察能力與見識；如果精力傾斜，這邊放一點兒，那邊用一些，自然難以精通；如果沒有一套自用的信念體系和價值觀標準，不專一，就會疑惑叢生。因此，睿智的人會選定一個方向或道路，專心致志、不懈堅持，這樣才會有所成就。

自古至今，從來就沒有過一心兩用卻可以都精通的人。

找到安身立命的領域

　　那麼，如何找到自己的「冥冥之志」，以便「用心一也」呢？對此，「刺蝟理念」是一個值得參考的實踐法則。

　　英國學者以賽亞・伯林（Isaiah Berlin）引用古希臘諺語「狐狸多機巧，刺蝟僅一招」來將學者大致分為兩類：一類對世界有一個統一的框架和體系，並以這一結構來解決問題（刺蝟）；另一類則會動用廣泛而多樣的經驗、方法來闡釋和解決問題（狐狸），卻沒有一個框架或統一的觀點。雖然二者沒有優劣，但在古希臘寓言中，二者高下立見。狐狸很聰明，有很多技能，也善於觀察、籌畫，能夠設計很多複雜的策略向刺蝟發動進攻，並且行動迅速，看起來肯定是贏家；刺蝟看似笨拙、行動遲緩，但牠有拿手的一招，那就是一遇到攻擊就蜷縮成一個圓球，渾身的尖刺豎立起來，讓敵人無從下口。所以，每一次攻防都是刺蝟取勝。

　　基於類似寓言，管理學家吉姆・柯林斯在《從優秀到卓越：為什麼有些公司會實現飛躍……而其他公司則不會》（Good to Great: Why Some Companies Make the Leap... and

Others Don't i）一書中指出，一些實現了從優秀到卓越跨越式發展的公司，都堅持了一個簡單而深刻的所謂「刺蝟理念」（見圖 3-1）。具體來說，它們將戰略建立在對以下三個方面的深刻理解之上：

· 你對什麼事物充滿熱情？

· 你能在哪方面成為世上最優秀的人？

· 驅動你的經濟引擎是什麼？

柯林斯認為，實現跨越的公司將這三方面的理解，轉化為一個簡單而明確的理念來指導所有工作並堅持，就能取得令人矚目的成績。雖然柯林斯在這裡說的是公司，但我認為這個道理對於個人也是適用的。

首先，很顯然，哪怕你不能在某些方面做到世界最優，就算做到超過大多數同行，你也可以獲得良好的口碑和優秀的績效。這是個人有所成就的基礎。

其次，你所擅長的能力應該可以給你帶來豐厚的回報，創造出持久、強勁的現金流和利潤。如果你的能力不能創造價值，僅憑愛好和熱情，也是不可持續的。

最後，也可能是最為根本或重要的是，你對什麼東西充滿熱情？如果你對某些東西充滿熱情，你就可以全力以赴，在做事的過程中產生「廢寢忘食」的「心流」（flow）體驗，這不僅可以讓你發展出超出同行的專業能力，而且還有可能

圖 3-1 刺蝟理念

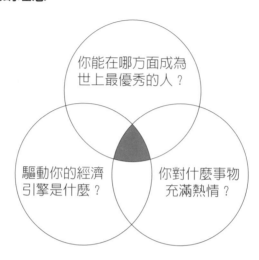

取得優異的績效，獲得持續發展所需的機會。

因此，如果你能夠在這三環的重疊處努力（見圖 3-1），把它轉變成一個屬於自己的「刺蝟理念」，用來指導你的人生選擇，你就更有可能實現從優秀到卓越的跨越。

對此，你可以用下列問題來問自己：

· 我對什麼事物充滿熱情？

· 我非常擅長什麼，甚至可以超越大多數人？

· 我在哪些方面有天賦？

· 我在哪些領域曾受過專業訓練或特殊教育？

· 我曾在哪些領域長期累積豐富且多樣的經驗？

· 我做什麼事情是有報酬的？

．我若做自己喜歡的事，可以獲得實質報酬嗎？

．我做這些事情的報酬能夠持續嗎？

寫出每道題目的答案之後，看看它們有沒有重疊之處？如果有，那麼，恭喜你！那就是支撐你人生「開外掛」的「刺蝟理念」。如果沒有，你可能需要做一些權衡，因為缺少了哪一環，你的人生都可能會有缺憾，或者需要做一些調整或取捨：

．你做的若是自己喜歡卻不擅長的工作，你將很難做到最好或具備競爭力。

．你做的若是自己喜歡卻不能給你帶來持續的經濟回報，也難以長久。

．你做的若是可持續獲得回報，但並非自己真正擅長的的工作，也很難做到優秀。

．你做的若不是自己喜歡，但足以維持生計並累積豐富經驗，但可能並不快樂，總想著哪一天可以離開時，你也不太可能盡全力去取得傲人成就。

因此，我覺得聯想集團創始人柳傳志的建議值得參考：要是有機會，就去做你喜歡的工作；要是沒有選擇，就努力喜歡上你正在做的工作。我覺得這個建議很有力量，既要有理想，又不理想主義。

希望你能好好想一想，做出自己的選擇。

梳理領域知識的框架

　　在明確了專注的領域之後，你需要搞清楚該領域整體的知識框架，也就是它有哪些關鍵構成要素，它們之間存在什麼樣的關聯。

　　在我看來，只有先明確了總體框架，學習起來才能事半功倍。就像你到了一個陌生的城市，要想對這個城市有整體的印象，你必須有一張地圖，騎車或者開車把整個城市都轉一遍，才能對這個城市建立總體的印象。之後，再選擇你感興趣的街區，細緻而深入地逛，並且住上一段時間，搞清楚它細微而生動的變化。

　　只有這樣，你才能真正地瞭解它。否則，在你根本不瞭解這個城市總體佈局的情況下，一頭竄進小巷子裡，走到這再走到那，這樣不僅效率低下，而且容易迷失在繁雜的街巷中，即使花了很多時間，也根本無法真正瞭解這個城市。

　　就像荀子所說：「小辯不如見端，見端不如見本分。小辯而察，見端而明，本分而理。」（以上出自《荀子‧非相》）意思是說，看問題的時候，如果你只是關注一些細節，不如

看到它們之間的關聯；看到它們之間的關聯，不如把握它們在全域和整體中本來應有的位置。關注細節，可以讓你明察秋毫；看到事物之間的關聯，可以讓你明白事情背後的來龍去脈；把握事物在全域和整體中本來應有的位置，可以讓你釐清深層次的道。

從這裡我們可以看出，先建立整體的架構，看到構成領域知識體系的關鍵要素及其關聯關係，才能真正地明白事物內在的機理。這樣，才能有更好的學習效果。事實上，這是一種高效的學習方法，被斯科特・揚（Soctt Young）稱為「整體性學習法」。[2]

如果你現在是新手，對該領域還一無所知，你可以通過以下四種方式先大致建立一個總體印象，之後再逐步進行學習。

1. 尋獲名師指點

首先，就像荀子所說：「學莫便乎近其人……學之經莫速乎好其人，隆禮次之。」（以上出自《荀子・勸學》）也就是說，學習最快速、最便捷的方式就是找到一位元老師或真正有修為的高手（當然，如果這個高手又善於教育，那是最理想的）。導師具有整體的知識結構，會指導你高效地學習。

2. 有系統地學習

參加一個由權威機構或專家主持的培訓或學習專案，進行系統化學習，也有助於快速地建構起體系化的知識。比如你想學習專案管理，那麼參加美國專案管理學會（Project Management Institute，PMI）的認證資格，取得所謂「國際專案管理師」（Project Management Professional，PMP）認證，應該就是一個不錯的選擇；你也可以考慮參加一些高校提供的項目管理方向的碩士課程，或者一些權威機構的專案管理培訓，這些都是經過系統設計的學習資源。

3. 從研讀經典開始

如果上述資源都不可得，那麼你只能依靠自己的力量了。比較穩妥的切入點是從研讀經典開始，因為經典本身就說明了它的價值和重要性。一些經典書籍不僅能勾勒出總體框架、提供精華或經過驗證的高品質資訊，而且還能為你指引後續深入學習的方向。

4. 有計劃地進行自學或主題閱讀

最後，你可以自行摸索、制訂一項系統的學習計畫或者主題閱讀計畫，即圍繞一個主題，選擇一些相關的經典書籍，

進行系統化閱讀，並深入學習，爭取把這個主題理解完整、透徹，或者根據指導去制訂並實施一個分步驟、階段的學習計畫。

打造個人能力的六部曲

在梳理清楚了領域總體知識架構之後，你需要採取實際行動，打造個人能力。這將是一個漫長而複雜的過程。

在《原則》一書中，雷蒙德 · 托馬斯 · 達利奧提出了個人進化的五個步驟（見圖 3-2）：

圖 3-2 個人進化的五個步驟

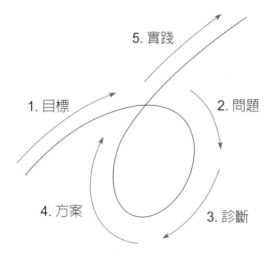

· 明確自我目標。

· 找到阻礙你實現目標的癥結，並且不讓它持續下去。

· 準確診斷並找到問題的根源。

· 規劃解決方案。

· 制訂計劃來實踐方案，實現目標。

這是一個循環，當你執行了設計好的方案，取得了一定進展和成果之後，要重新校準目標，重複這個過程。

在我看來，如果你能把這一個過程的每一步都做到位，並且使得每個階段性的小目標之間保持一致，就是在踐行彼得‧聖吉所講的「自我超越」（Personal Mastery）這項修煉。所謂自我超越就是持續培養自我實現的能力，創造自己真心想要的未來。自我超越源自我們每個人內心深處對未來的熱望，是個人持續學習與成長的過程，也是學習型組織的精神基礎。

如上所述，成為專家也是個人不斷提升自我、超越自我的過程，即便你現在已經是某一個領域的專家，也要持續學習和提升，畢竟這是一個終身學習之旅。

根據我的經驗，我認為自我超越這項修煉是一個永無止境的過程，它包括以下六個要素（見圖 3-3）。

1. 釐清願景

　　彼得 · 聖吉指出，要踐行「自我超越」這項修煉包括兩個部分：首先，不斷澄清個人使命與願景；其次，不斷地學習如何更清晰地觀察現實。事實上，就像你雙手自上而下撐開一根橡皮筋，使命與願景就是上面那隻手，現實就是下面那只手；你的願景越宏大，與現實的差距越大，橡皮筋的張力也就越強。如果你能堅定地堅持你的願景，二者之間的差距所引發的創造性張力，就會牽引你去改變現狀，使現實逐漸靠近你的願景。自我超越這項修煉的精髓，就在於讓

圖 3-3 自我超越的循環

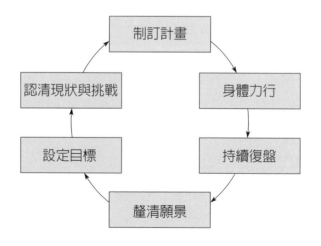

我們在工作與生活中不斷產生並保持這種創造性張力（見圖 3-4）。

　　事實上，願景的力量是非常強大的。從飛天夢想到登月計劃，我們人類就是靠著願景的引領，才取得了今天的偉大成就。在我看來，熱愛與願景就是人類創造力的源泉。這裡所講的「熱愛」，指的是一種可以令人沉迷其中、難以自拔的事物或力量。它是個人擁有創造力的關鍵所在。

圖 3-4 願景能產生改變現實

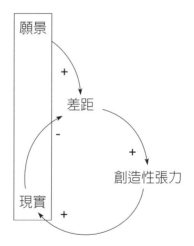

這裡所說的「願景」，是發自內心深處最熱切、最眞摯、最渴望實現的未來景象。它源自個人的熱愛和使命，又是明確具體、栩栩如生的，爲你的的創造性張力努力提供方向指引。事實上，如果你的熱情只是一個籠統的想法，沒有清晰的願景，那很可能它只是一個願望或想法，難以產生引領變革的作用。

　　因此，在確定了安身立命的專業領域之後，你要認眞地思索，向內心深處探求，明確自己的使命，並想像一下，你的使命達成以後，會是一幅什麼樣的景象？讓你的願景慢慢沉澱、結晶，並清晰地表達出來，它將爲你的發展發揮巨大作用。

2. 設定目標

　　由於願景是激勵我們努力的遠景，它與當前的現狀往往相差甚遠（這其實就是願景的特性之一，因爲如果願景與現狀差別很小，它就很難產生巨大的改變動力），很難一蹴而就。因此，我們應該設定明確、具體的階段性目標。

　　就像荀子所說：「三尺之岸而虛車不能登也，百仞之山任負車登焉，何則？陵遲故也。數仞之牆而民不踰也，百仞之山而豎子馮而遊焉，陵遲故也。」（以上出自《荀子・宥坐》）

意思是說，三尺高的陡坡，就是一輛空車也拉不上去；但是，百丈高的山丘，即使是載重的大車都能拉上去。為什麼呢？這是因為山的坡度比較平緩。幾丈高的牆，就是運動高手也翻不過去；但是，百丈高的山，就連小孩子也能登上去遊玩。這也是因為坡度平緩的緣故。

它告訴我們，要想實現宏大的願景，必須慢慢來，設定一個個切實可行的目標。沒有目標，就沒有方向，遇到一些岔路或選擇，就難以抉擇。目標過於宏大，也很難下手。相反的，有了切實可行的具體目標，就很容易讓人想出辦法，克服障礙，走到目標點。這樣就能一步步地實現願景。

3. 認清現狀與挑戰

定好明確的目標之後，你需要認清現狀，找到起跑點，這樣就可以確定現狀與目標之間的差距，包括實現目標過程中需要應對的挑戰。雖然有人認為這一步很簡單，但說實話，對大多數人而言，要全面、客觀地認識自己，非常困難。就像老子在《道德經》中所講：「知人者智，自知者明。」彼得‧聖吉也曾指出：「從某種意義上講，澄清願景是自我超越修煉中較為容易的一個方面，對許多人來說，面對現實才是更艱難的挑戰。」

那麼，應該怎麼認清現狀與挑戰呢？基於實踐經驗，我認為具體操作流程大致包括如下四步（見表 3-1）：

表 3-1 現狀評估和挑戰分析表（範本）

實現目標所需的技能與條件	現狀	差距	對策

- 根據目標，梳理實現目標所需的技能和條件。
- 評估現狀，確認自己已具備或尚未具備的條件有哪些？
- 明確現狀與目標之間的差距，以及必須應對的挑戰。
- 確定彌補差距或應對挑戰的對策，可透過何種途徑或方式彌補差距。

例如，對於李天豐來說，經過權衡，他決定把握住領導給的這次機會，從售前技術支援調部門到銷售，近期目標是在一、二年內成為一名合格的業務。長遠來說，他希望成為一名精通業務的管理者。雖然他之前作為售前技術支持，曾經參與過一些專案的業務，但當時他只是一個旁觀者，加上之前自己從未接觸過業務工作，因此，對自己來說，這將是一個巨大的挑戰。對照業務經理的職責，李天豐列出了做業

務所需具備的技能，也客觀地評估了自己目前的狀況，明確了差距以及解決問題的對策（見表 3-2）。

表 3-2 現狀評估 VS. 挑戰—實力分析表（範例）

實現目標所需的技能和條件	現狀	差距	對策
行業趨勢洞察與競爭分析	與售前技術支援相關，已具備一定基礎。	◔	做中學
客戶分析	與售前技術支援相關，已具備一定基礎，但視角與側重點有差異。	◑	做中學
銷售線索管理	未曾接觸看書、請教高手解決方案的能力。	○	
解決方案的能力	與售前技術支援相關，已具備一定基礎。	◔	做中學
談判技巧	未曾接觸	○	學習線上學習課程、參加培訓班
人際能力	需要重點訓練、強化	◔	復盤、請教高手
領導素養	未曾接觸	○	系統地學習，包括讀書、學習線上課程、參加培訓班、復盤、請教高手。

4. 制訂計畫

在確定了彌補差距或應對挑戰的策略之後，你需要將這些策略分解爲具體可行的操作步驟和措施，並綜合考慮相關資源和自己的精力，確定開始時間與結束時間。

制訂行動計畫，可以參考「行動計畫表（範本）」（見表3-3）。

就像荀子所說：「道雖邇，不行不至；事雖小，不爲不成。」（以上出自《荀子・修身》）有了行動計畫之後，就要採取實際行動，落實各項措施。

需要提醒的是，現實生活是紛繁複雜的，很少有計劃可以一成不變地執行，其中總是充滿了各種變化。對此，應該及時監控各方面的狀況，靈活調整。此外，職場人士工作繁忙，雖然工作也是學習與成長的途徑之一，但是對大多數人來說，在繁忙的工作之餘，堅守自己的目標，實現刻意練習與系統學習，的確需要很強的自律精神和堅持不懈的毅力。

表 3-3 行動計畫表（範本）

行動舉措	預期成果	開始時間	完成時間

5. 持續復盤

　　人們經常說「計畫趕不上變化」，同時，隨著計畫的實施，你的能力會增長，各方面的狀況與條件也會變化，無論是願景與目標，還是實現目標的策略與計畫，你都要進行重新評估。對此，你可以對自己的成長與計畫的實施情況進行定期復盤，及時反覆運算與調整（參見第五章）。

釐清個人使命和願景

1. 找到人生的終極目標

許多人都聽說過這樣一句話：「有時候，選擇比努力更重要。」

的確，我們每個人的生活都充滿了各種各樣的機會與變數，在面臨重大方向抉擇時，如果選擇不當，事後根本沒有地方去買「後悔藥」，人生也不可能假設或重新來過。但說實話，在選擇的那個當口，誰也無法預測或知道對錯。

那麼，做決策時有沒有什麼參照標準呢？

在我看來，我們的人生就像一條單程的旅程，每個人從生下來的那一天就在向著死亡邁進。因此，你人生旅程的終點在哪裡？你在瀕臨死亡時，希望自己創造了哪些東西？你為什麼東西而驕傲和自豪？這些東西就是我們人生的意義，它也是指引我們做出選擇的最為重要的根本，就像北極星，指引著我們在漫漫暗夜中前行。

對此，蘇聯作家尼古拉 · 阿列克謝耶維奇 · 奧斯特洛夫斯基在小說《鋼鐵是怎樣煉成的》中借主人翁保爾 · 柯察

金的口說：「人最寶貴的東西是生命，生命對每個人來說只有一次，人的一生應當這樣度過：當他回首往事時，不因虛度年華而悔恨，也不因碌碌無為而羞愧。這樣，在他臨死的時候就能夠說：「我把整個生命和全部精力，全都獻給了世界上最壯麗的事業－為人類的解放而奮鬥。我們必須抓緊時間生活，因為即使是一場暴病或意外，都可能終止生命。」

在我看來，即便我們個人生命的意義並不是如此高遠，但是，如果你能明白自己的人生使命，知道自己這一生為何而活，清楚自己想要創造的意義，也算是沒有白活。真正的人生是明白自己為什麼而活，並為此集中自己的精力，付出努力。這樣的人生才是有價值的，充滿了內在的喜樂，就像劇作家蕭伯納（George Bernard Shaw）所說：「人生真正的喜樂，是為了你自己所認定的偉大目的而活。」中國偉大的思想家、教育家孔子也曾講過：「朝聞道，夕死足矣。」

就我個人的經歷來看，在二十八歲之前，我的求學、就業等抉擇都是根據機會、自己當時的喜好而做出的。但是在1998 年，我終於找到了個人使命並許下一個心願：致力於學習型組織在中國的研究與實踐，讓學習助力企業持續成長。其後，這個願一直牽引著我個人的學習與工作，讓我在學習型組織這個領域專注耕耘了二十餘年。因為這是我個人喜歡的領域，是個人的選擇，所以即便學習、鑽研看起來枯燥，

但我並不這麼認為，我反而能感受到那種真正的喜樂和持久的力量，不管遇到什麼困難，付出多大努力，我都能一如既往地堅持。

因此我認為，想要成為專家，首先你要找到自己專注的領域（心田），明確個人使命與願景是非常重要的。同時由於每個人的生命都是有限的，所以越早找到自己人生的使命與願景越好。

那麼，如何才能找到自己的人生使命呢？

說實話，這是非常微妙而困難的，就像「開悟」一樣，從來就沒有什麼標準答案，也沒有什麼標準公式或配方。事實上，每個人的答案很可能獨一無二，因為每個生命都是獨特的，成長環境與路徑也不同，人生的意義與使命也是如此。因此要找到自己的人生使命，只能「向內求」。就像邁克爾 · 雷在《最高目標》一書中引用的心理學家榮格的話：「只有在內心尋找，你的願景才會清晰。在外尋找是夢想，在內尋找才是清醒。」

所謂「向內求」，在我看來，就是要找到自己喜歡而又有意義的事情，識別出其中蘊含的讓你感到偉大、讓你充滿信心與熱情的價值，就像心中的光芒。因此我認為，你也許可以透過執行以下兩個練習，來尋找自己的最高使命。

練習 3-1 最有意義的事

你的人生使命存在於你能感知到的意義之中。一定是你感興趣、你覺得有意義的事,尤其是讓你覺得自己能感受到一束光或者整個人都感到溫暖的那種感覺。

為此,你可以回想並列出上個月你曾做過的最有意義的事:＿＿＿＿＿＿＿＿。

用你的內心去感受這件事情,而非理性分析,並問自己:「為什麼這件事對我很重要、很有意義?」因為＿＿＿＿＿＿＿＿。

然後,再問自己:「為什麼這個理由對我很重要、很有意義?」因為

繼續追問:「為什麼這對我很重要?」因為＿＿＿＿＿＿。

‧‧‧‧‧‧‧‧‧‧‧‧

直到得出一個單字或名詞:＿＿＿＿＿＿＿＿。

看看這個你發自內心感受到有意義或有價值的字或詞,想一想它會如何影響你的生活。

請完成以下的句子:我人生的意義在於＿＿＿＿＿＿＿。

坦白地說，我不否認從某件具體的事情上有可能找出其中蘊含的人生使命，但是，這種可能性並不大，因為某件具體事情的影響因素眾多，其中也包含著很多意義，要想從其中找出你最為珍視的價值觀和人生使命，的確難度很大。因此，如果你能經常做類似的反思，對於你找到自己的人生使命應該是有幫助的。

除此之外，我們還可以對自己的人生歷程進行反思，從中找到線索。因為人生使命並不會憑空而來，它是基於你的成長環境、各種機緣和經歷，慢慢沉澱形成的，因此，它可能早已存在於你過往的生命歷程中了。

基於整體反思，看看能否發掘出隱藏於自己人生歷程中的個人使命。

練習 3-2 人生歷程反思與使命八問

不同於對近期「最有意義的事」的反思，人生歷程反思要回顧自己從童年到現在數十年的人生歷程，找出最滿意和最不滿意的若干重大選擇，然後借助我發明的「使命八問」，進行深入、全面的反思。

這一練習分為以下四步。

第一步，按年齡段回顧發生在自己身上、對自己有重要影響或重大意義的事件，評估自己當時的情緒或滿意度，將

其定位到人生歷程圖相應的位置上（見圖3-5）。

圖 3-5 人生歷程圖（範本）

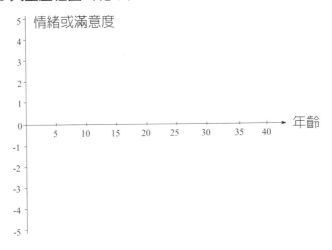

第二步，標出到目前為止你滿意度最高的五件事，分別思考：那時是什麼樣的狀況？發生了哪些事情？你的感受是什麼？對你有哪些影響？為什麼你會覺得滿意？

第三步，回顧到目前為止你滿意度最低的五件事，分別思考：那時是什麼樣的狀況？發生了哪些事情？你的感受是什麼？對你有哪些影響？為什麼你會覺得滿意？

第四步，基於上述三步的梳理，進行整體反思，嘗試回答如下八個問題（「使命八問」）：

- 我是什麼樣的人？
- 我有哪些專長？
- 讓我感到興奮或幸福的是什麼？
- 讓我感到不開心或不幸福的是什麼？
- 我生活中所做重要選擇的原因是什麼？
- 我想要創造的是什麼？
- 什麼是未來可持續的？
- 我未來的渴望／最高潛能是什麼？

2. 從人生的使命到願景

彼得‧聖吉指出，真正的願景不能離開「目的」去孤立地理解。目的是個人對「為什麼活著」這個問題的領悟類似一種方向，是抽象、基本的；願景則是特定的目的地，是你渴望實現的未來景象，是具體、明確的。

基於實踐經驗，在釐清個人願景時，要注意以下六項原則：

- 願景是你登頂（或「終局」）時的景象，而非中間過程、狀態或手段。比如「我想賺多少錢」只是一個手段而非願景，它無法體現當你若真正致富後又會如何。
- 願景是你發自內心真正想要的，是你克服諸多難關也要實現的，而非空想，或是「最好怎樣」、「有了會

更好……」的欲望。

- 願景是「你」主動想要的，而非別人希望或你自己被迫必須如何？這些源自於外在條件的期望，並非個人的內心驅動力。

- 在設定願景時不能只考慮個人利益，定要顧及其對於他人的價值，現實生活裡，我們無法只考慮個人而不顧及他人，這不僅是虛妄的，執行起來也是困難重重。

- 願景必須具備洞察力，體現你對未來與世界的見解。

- 願景要有前瞻性，請放棄考慮在當前狀況下，是否具有實現的可能性。

練習 3-3 個人願景宣言

基於對自己人生使命的探索，參考上述六項原則，思考一下自己的個人願景。你可以參考下列範本。

假設現在已經是五年以後，你過著一切都令你滿意的生活。

請想像一下，並儘量用明確、具體、栩栩如生的語言來描述當時的景象：

- 我當時在從事什麼工作？
- 這份工作為何讓我感到滿意？
- 工作對我或生命中的其他人，有何意義和價值？

．我的生活是一幅什麼樣的景象？

．我當時已達成的目標有哪些？

基於對上述要素的思考，你可以嘗試著描述出自己的願景。雖然很多人會很在意願景的描述方式，或者糾結於具體的措辭不夠理想，但是我認為，願景如何描述並不是最重要的，構想出一幅可以讓自己怦然心動、摩拳擦掌、躍躍欲試的未來景象才是最重要的。就像羅伯特 · 弗里茨（Robert Fritz）所說：「願景是什麼並不重要，重要的是願景能為我們帶來什麼。」

設定合乎科學且合理的目標

《禮記・中庸》有言：「凡事預則立，不預則廢。」意思是說，做任何事情，要想成功，都需要提前進行周密的籌畫和精心的準備。其中，設定科學合理的目標十分重要。

1. 無論如何都要設定目標

在職場中，我曾遇到過很多人都以種種藉口，不設定目標，比如「這項工作很難衡量，不好設定目標」「我們第一次做這項工作，沒法設定目標」「形勢不明朗，而且變化太大，計畫趕不上變化……」

在我看來，這些只是掩蓋自己懶惰的藉口。不設定目標，就無法衡量成敗，也無法將你的經歷轉化為能力。因為要衡量一個人是不是有能力，主要分為兩個部分：第一，當你接到一項任務或者面臨一個問題時，你可以基於對各方面情況的判斷，進行預先的謀劃，設定科學合理的目標，並明確實現預期目標的策略與計畫；第二，按照預先設定的策略與計畫，協調各方面的資源，採取必要的措施，克服挑戰與困難，

達成預期目標。

這兩部分就是古語所說的「謀定而後動」。所以，如果不能設立適宜的目標，就是沒有能力或能力不足的體現。相反，行動前設立一個目標，哪怕這個目標並不十分科學，都是非常有價值的。一方面，這是讓你進行事先籌畫的必備步驟；另一方面，也為你進行事後的復盤和持續優化提供了前提條件。因此，無論如何都應該事前制訂目標。

2. 設定目標後要考慮的五個維度

那麼，如何設定目標呢？在我看來，很多工作都是一個系統，要設定目標，可以運用系統思考的原理與方法。對此，可以參考我在《如何系統思考》（第 2 版）中所講的「一般系統模型」，從五個維度考慮目標的設定（見圖 3-6）。

圖 3-6 設定目標要考慮的五個維度

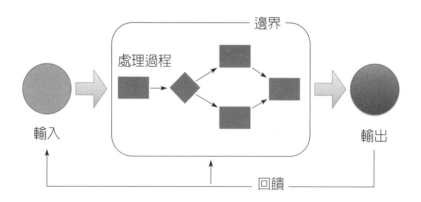

（1）**輸入**。任何工作與任務都需要投入一些資源（從系統的角度看，叫做輸入），包括人員、資金、時間等。要有效地完成目標，所投入的資源需要在這些限定的輸入條件之內。因此，可以從這個維度來設定目標。比如，要在什麼時限內完成這項任務？要花費多少錢？投入多少人？這些都可以作為目標來衡量。

（2）**處理過程**。除了一些很簡單的工作，大部分工作都可以分為若干步驟來做，有一系列處理過程。如果分解到位，保質、保量、按時完成這些步驟，有助於總體目標的達成。因此，可以通過衡量這些步驟的成果、效率、時限等方式來設定目標。

比如，你要組織一次春遊活動，一般包括方案設計、準備、實施、總結宣傳等環節，你可以把各個環節的效率與效果作為衡量指標：何時或者花多少天完成方案設計，準備階段的品質要求，春遊當天的活動組織及安全，宣傳稿的傳播量等等。

（3）**輸出**。經過一系列處理過程，往往會有直接的產出成果，這是我們執行這些步驟、完成這個任務想要達到的效果。因此，這是狹義的目標。比如，對於春遊活動，有多少人參加了？大家的感受或滿意度如何？有哪些直接的成果？

（4）**回饋**。一項任務除了有直接的產出成果，往往還有

後續的影響（我稱之為「回饋」）。事實上，從某種意義上看，這些後續的影響或回饋，才是更有意義的。比如，對於春遊活動，除了那些直接成果之外，對員工士氣有何影響？對業績提升有沒有幫助？對部門之間的協同有沒有改善？雖然有些間接結果的影響因素眾多，有些也難以度量，但是，我們之所以要執行這項任務，是因為它對於那些間接成果（比如士氣、業績以及部門協同）肯定多多少少是有影響的。

這其實是我們執行這項任務的根本目的或出發點。

（5）**邊界**。雖然世界是普遍聯繫的，但系統都有其邊界—在這個範圍之內的活動或實體之間的聯繫相對緊密。因此，考察任務或活動是否超出邊界，有哪些底線，也是設定目標的維度之一。比如，對於春遊活動，它既有地理邊界，也有組織邊界，還有一些安全底線，這些也可以作為設定目標的考量指標。

3. 設定學習目標後的考量因素

在設定個人學習與發展目標時，除了參考上文所講的「一般系統模型」之外，我建議你額外考慮如下五個要素（見圖 3-7）。

（1）**個人發展復盤**。能力的建立是一個持續的過程，新的能力也要在原有技能上建構起來。因此，設立目標時不能

圖 3-7 設定個人學習 VS. 發展目標—五大考量因素

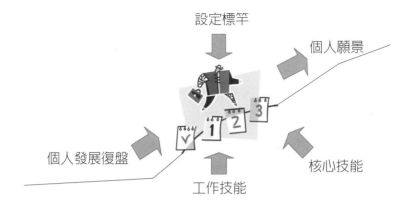

脫離實際，應經由個人發展復盤，考慮自己已經具備的知識與技能，否則就會變成無源之水、無本之木；同時，也要經由復盤，發現自己的短板或不足。

（**2**）**工作技能**。能力發展不僅要考慮未來發展，更要立足當前，尤其是要有滿足當前崗位所需的技能。因為在我看來，如果你不能勝任當前的崗位，或者在當前崗位的績效表現不佳，就很難有更好的發展機會。因此，設立個人發展目標時，也不能不考慮崗位任職技能。

（**3**）**設定標竿**。所謂發展，就是要超出現有的狀況。俗話說「人外有人，天外有天。」在制訂個人發展目標時，切莫自以為是，一定要找到當前崗位上的「高人」，將其作為典範，同時找到符合自己長遠目標的標標竿。對照這些標杆，

找到自己努力的方向。

（4）**核心技能**。就像《孫子兵法》中所言：「凡戰者，以正合，以奇勝。」在眾多能力中，你需要找到更為基礎或根本性的能力，也就是說，這項能力是發展其他能力的基礎。要把這些基礎性技能作為重點，它們將是你的根基（所謂「以

表 3-4 針對「目標」—九種不適宜的描述方法

不適宜的目標描述方式	舉例
模糊、不具體，只是一些粗略或籠統的想法或願望。	「我想減肥」
無法衡量	「我想提高演講能力」
沒有挑戰性，或者完全不切實際。	「我想在一個月內減重」、「我要馬上摘下一的星星」
源自外界的限制或約束	「我父母希望我……」
和別人比，看別人在做什麼或者怎麼樣？	「隔壁張三這麼做了，這麼做。」「我要比強」
依靠外界的標準	「本學期，我這門課要」
逃避痛苦	「我不希望自己變得太」
把手段或途徑當成目標	「我要跑步」
並未寫出來或公佈	「我心裡知道就行了」

正合」）。同時，要培養自己的獨特能力，形成比較優勢（所謂「以奇勝」）。

（5）**個人願景**。如上所述，願景是個人能力發展的方向。在制訂個人發展目標時，應「以終為始」，以個人願景為指引。事實上，要想讓目標產生促成改變的力量，就要從

	你可以試試……
	「我要在本月內減重一公斤」
	「在三個月內，我可以不拿講稿當著眾人發表不少於十分鐘的演講。」
一公斤 顆天上	「我要在本月減重五公斤」 「我這個月要讀二本天文學書籍」
	「我想要的是……」
我也想 我同學	「我真正想要的是……」
A。」	「本學期，我要掌握這門課的知識，不僅要拿到 A，而且能夠將領域知識學以致用。」
窮」	「我希望……」
	「我要利用每週跑步兩次、打一次太極拳來維持體重，確保三個月不生病。」
	把目標寫出來，盡可能公開，並經常提及。

製表人：作者

自己的熱愛開始，設定積極的進取性目標，也就是「我想要的到底是什麼」「我真心渴望創造或實現的是什麼」。因此，適宜的目標必須發自內心。

4. 什麼樣的目標是合適的

在實踐中，許多人都知道目標要符合 SMART 原則，也就是說，適宜的目標要：

- 明確具體（Specific）
- 可衡量（Measurable）
- 有挑戰性但可實現（Achievable）
- 具備相關性（Relevant）
- 有時間限制（Time-Bound）

但事實上，無數的目標陳述都不符合這一法則。除此之外，還有另外一些不適宜的目標描述方式，你可以拿自己寫出的目標與其進行對比、參照（見表 3-4）。

制訂具體可行的計畫

對於要學習的內容，你需要採取不同的策略，並制訂切實可行的實施計畫。基於我的經驗，在明確策略時，需要注意以下事項。

1. 讓「魚」與「漁」並重，且「漁」更重要

正如心理學家珍妮佛 · 加維 · 貝格（Jennifer Garvey Berger）所說，真正的成長需要產生一些質變，這種質變不只是知識性的，還包括觀點或思考方式的改變。前者被稱為「資訊性學習」（Informational Learning），它們可以增進我們所知曉的資訊內容的容量；後者被稱為「轉化性學習」（Transformational Learning），可以改變我們思考、知曉事物的方式，使我們以新的方式去看待事物。[3] 如果沒有轉化性學習，即便我們對相關領域的知識存量增加了，但我們仍然在用既有的思維模式來處理資訊，這並非真正的成長。只有在我們的思維模式本身發生了變化的情況下，成長才會發生。

因此，在制訂學習策略時，既要進行內容／資訊性學習

（也就是一些專業性知識、技能），也要注意轉化性學習，也就是思維模式、心智結構進化以及發展能力的能力（我將其稱爲「元能力」），比如系統思考、復盤、心智模式改善、創新思維等。在我看來，轉化性學習非常困難，但其價值巨大，越早進行越好。

2. 從小處入手

「道雖邇，不行不至；事雖小，不爲不成。」（以上出自《荀子 ‧ 勸學》）面對任何一個領域的知識，要想精通，都必須從一點一滴開始。就像老子所說：「圖難於其易，爲大於其細。天下難事，必作於易；天下大事，必作於細。是以聖人終不爲大，故能成其大。」從小處入手，不僅容易達成，而且可以啓動「成功的循環」。

從一個點開始，經過系統學習，建立起局部的知識累積；圍繞這一點，付出努力，彙集更多的資訊，增加練習的機會，增長見識，形成自己的專業能力、核心專長，逐漸地，由此延展到相關的領域。

3. 保持專注

在現實生活中，人們容易陷入事務性工作之中，被各種機會所吸引，從而忘記了自己的初心，迷失了方向。同時，

由於環境的變化，很多計畫中擬定的措施不能取得預期效果，原定計畫也要相應地進行調整，個人的心意、志向與興趣也會有一些微妙的調整或改變。因此，在制訂計畫時，一定要保持專注。

就像荀子所說，「趣舍無定，謂之無常」「行衢道者不至」，若不專注，無論是計畫的制訂還是執行，都會困難重重。

4. 讓資源與精力匹配

任何措施的落地都要花費相應的精力和資源，在制訂計畫時，要根據自己的總體資源和精力「量力而行」，如果想做的事所需的資源和精力超過了自己所能承載的限度，往往很難取得想要的效果。

就像荀子所說：「故能小而事大，辟之是猶力之少而任重也，舍粹折無適也。」（《荀子·儒效》）意思就是說，能力不大卻要幹大事，這就如同氣力很小卻偏要去挑重擔一樣，除了骨斷筋折，再沒有別的下場了。

5. 毅力 VS. 堅持

毫無疑問，世界上沒有隨隨便便的成功，要成為領域專家，取得人生與事業的成就，必須有扎實的、大師級的專業

能力。而專業能力的養成，既與源自遺傳和受環境影響的天資稟賦有關，也離不開堅韌不拔的毅力和長期的堅持。

1993 年，心理學家安德斯・艾利克森（Anders Ericsson）和同事們研究發現，很多領域的專家在很小的時候就開始通過刻意練習來提升他們的技能，一些所謂的「天才」其實是十年以上高強度練習的結果。他們通過讓一些音樂家回憶自己在職業生涯中累積的練習量，估計得出：一些最有才的樂器演奏家（如小提琴、鋼琴等）往往是四～六歲就開始練習，到二十歲時平均已經累積了近一萬小時的練習量。這一研究成果就是廣為人知的所謂「一萬小時定律」的出處。**4**

儘管嚴格說來，「一萬小時」並不精確，它只是一系列研究得出的估計平均值，不同人成才累積的練習量事實上差異很大，而且，對於任何一個人來說，也不是說只要你練習了一萬小時就一定能夠成才。但是，毫無疑問，這一研究告訴我們，要想成為一個領域專家，必須經過長期的刻意練習。

事實上，在二千多年以前，荀子就看到了這一相關性。例如《荀子・勸學》篇中曾指出，「真積力久則入」「積土成山，風雨興焉；積水成淵，蛟龍生焉；積善成德，而神明自得，聖心備焉。故不積跬步，無以至千里；不積小流，無以成江海」。在《荀子・儒效》篇中也曾提到：「注錯習俗，所以化性也；並一而不二，所以成積也。習俗移志，安久移質。

並一而不二，則通於神明，參於天地矣。」這些文字明確地告訴我們：要想有所成就，就需要在一個方向上長期堅持。

　　首先，要想有所成就，就需要方向專一。如果方向不清晰、不一致，今天在這個方向上做一點，明天又飄到另外一個方向，就很難有所累積。因此，要「成積」，應該認准一個方向（「並一」），並長期堅持，不背離（「不二」）。其次，在保持專注的情況下，要想有所成就，必須長期堅持、辛苦練習。如此，長期在一個方向上堅持、反復練習，形成「習俗」，就可以「移志」（改變人的意志），讓人變得安定、堅定，這樣假以時日，就能「移質」（改變人性、內在的質地）。當洞悉了人間世事的規律，天地萬物的運作便能了然於胸了。

　　當然，「刻意練習」並不是簡單地練習，它要具備三個要素：高手指導、沉浸式環境、個性化有技巧地練習。因此，練習與成才並不是直接相關的，效果也因人而異，對於不同技能而言也有差異。事實上，刻意練習對於有規律可循、有較為體系化訓練方法的技能（如體育、音樂等）更為有效。

6. 寫出你的目標與計畫

　　心理學研究顯示，把你的目標寫出來，就會形成一種書面的承諾物證，而我們社會基礎性的價值觀之一就是「人應

該信守承諾，保持言行一致」，因此，有了這樣一份承諾，我們就會付出努力，力爭實現自己承諾的目標。如果只是在心裡想一想或者口頭上說一說，目標所能產生的「承諾一致性」力量，會比把它們寫出來小很多。**5**

因此，如有可能，把你的目標、策略、計畫寫出來，並公佈出去，這樣會更有助於目標的實現。

★參考「刺蝟理念」，你希望自己能在哪個領域安身立命？

★你瞭解自己渴望深耕的專業領域、知識結構嗎？能夠透過哪些途徑來瞭解？

★精進個人能力必須歷經哪些過程？關鍵點是什麼？

★參考本章節內容，找出你個人最高目標的兩個練習方法，釐清自我人生的使命。

★職涯發展源於釐清個人願景，你必須轉向內心深處探求。請問你的願景是什麼？

★從願景出發，參考設定目標時應考慮的關鍵要素，設定近期的發展目標。

★基於個人的發展目標，全面且客觀地評估現有知識與技能，制訂個人發展計畫。

1. https://www.mentalf loss.com/article/85305/how-many-books-have-everbeen-published.

2. 《如何高效學習》斯科特 · 揚 著;程冕 譯;北京:機械工業出版社,2013.

3. 《領導者的意識進化:邁向複雜世界的心智成長》(Changing on the Job) 珍妮弗 · 加維 · 貝爾格 著;陳穎堅 譯;水月管理顧問有限公司,2021.

4. 《刻意練習:如何從新手到大師》艾利克森,普爾 著;王正林 譯;北京:機械工業出版社,2016.

5. 《影響力:讓人乖乖聽話的說服術》(Influence, New and Expanded: The Psychology of Persuasion)羅伯特·席爾迪尼 著;謝儀霏 譯·久石文化,2022.

理解「學習」

近半年來，李天豐真是忙到整個人暈頭轉向的！

　　半年前，經過慎重考慮後，他決定接受部門主管的建議，從售前技術支援轉調去擔任業務工作。一試之下這才發現二者之間還真的是差距很大，而且做為一名業務員，整天就是和人打交道，事事充滿了太多變數與不確定性，有時這麼做行得通，但套用在其他事情上卻適得其反……。

　　反正就是很難將背後的原理或規律講清楚，一切全得靠個人的經驗與悟性。雖然天豐也看了一些書，可是書上講的大多是一些道理，很難直接拿來應用；公司的資料庫裡，雖然有一些工作報告，但基本上也是語焉不詳；就算向一些有經驗的高手請教，雖說挺有效的，但總是解不了渴，畢竟大家工作都很忙，再怎麼說也不成一套系統。

　　因此，天豐覺得挑戰很大，一時半刻也找不到辦法，前面跟的幾個訂單都沒談成，主管似乎也不太滿意他的表現，雖然並未直接批評，但天豐覺得主管在會議桌上總是有意無意地在暗示自己……。

　　他該怎麼辦呢？

何謂「學習」？

　　雖然「學習」是我們每個人每天都掛在嘴邊的一個日常用語，許多人受了多年的教育，似乎有很多「學習」的經驗，但是，你眞的會學習嗎？事實上，作爲一個複雜的系統工程，「學習」的影響因素多且複雜，加上大家多半處在即時的動態變化之中，眞要想提升學習效果，並不容易。坦白地說，很多人其實並未眞正弄清楚學習的內在含意，也沒有幾個人將其說明白，對於何謂「學習」也有著許多錯誤或模糊的認識。就這樣，即便「學習」了很多年，可能也只是「知其然」卻未必「知其所以然」，無法有效提升學習力，導致效果不佳，甚至事倍功半。

　　按照成爲專家的「石 - 沙 - 土 - 林」隱喻，要完成第二次突變「固沙培土」，你需要「學會學習」，掌握高效學習的方法。而要完成第三次突變「積土成林」，依靠的也是高效學習的基本能力。從某種意義上講，理解「學習」是修練成專家的「動力」，也就是發展能力的能力。

　　那麼，我們到底應該怎麼學習？學習的內在機理是什麼？關鍵要素有哪些？

針對個人學習的系統思考

從本質上講，學習是個人主動進行知識構建、提升行動能力和績效表現的過程，它是一個系統，是由許多相互連接的實體構成的一個整體。對於學習這個系統，其基本的構成實體包括：

- 眼睛、耳朵以及觸覺、味覺等感知器官。
- 大腦（全腦參與）。
- 手、腳、嘴巴等。
- 環境（包括周圍的人事物）。

同時，在構成系統的各個實體之間，存在著既複雜且微妙的相互連接。概括而言，主要包括以下連接：

- 眼睛、耳朵及觸覺、味覺等感知器官從身體內、外部獲取資訊，並將其傳遞至大腦。
- 大腦會提取過往記憶並參考規則，對上述資訊進行比較、歸納、分析等心智處理。
- 上述資訊經過理解、消化、吸收後形成記憶、規則或信念。

・經過處理後的資訊及已形成和存儲的記憶、規則與信念，可以幫助個人做決策，指導個人的行動（靠手、腳和嘴巴等表達）。

・個人行動會產生相對應的後果。

・行動的後果或許會被觀察到，促使個人反省或驗證。

・反省所得或經過驗證的規則、信念，將會形成所謂的「心智模式」（參見第二章），進而影響個人的觀察、

圖 4-1 人類學習的基本過程

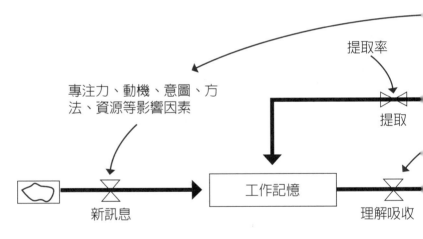

解讀、決策與行動。

・若不及時複習、再利用或強化記憶，某些已理解或存儲的資訊將會被遺忘。

上述四類實體、八項連接構成了多個閉合的反饋循環（見圖4-1），其功能或目的是讓個人能夠更有效地應對環境變化，提升行動能力和績效表現。

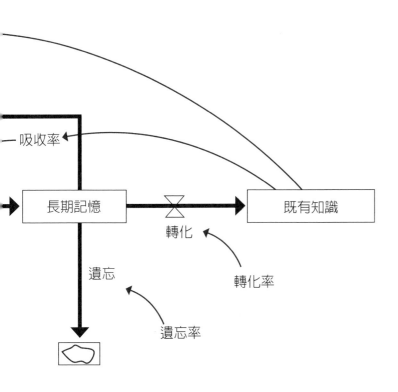

個人學習的關鍵因素

　　從本質上看，學習既是個體的心智過程，也是個人與環境交互的過程，不可避免地會受到個人和環境多方面因素的相互影響。

　　從個體的角度上看，學習是一個複雜而微妙的心智過程，包括獲取資訊、理解賦義、記憶與提取、分析與綜合等諸多環節，會受到既有知識基礎（或心智內容）的影響，也與個體的思維能力與偏好、心態與動機等多方面因素相關。因此，學習是一個高度個性化的過程。

　　與此同時，個體的學習也離不開與環境的互動（包括物理空間、時間場域以及環境中的他人）。這種互動既包括個體與自身行動產生的結果或回饋的互動，也包括個體與他人的相互作用，比如從他人那裡獲取資訊（事實和觀點）、資源等。學習能力強的人善於從外部的各種途徑獲取對自己有價值的資訊，並消化、吸收，內化為自身的能力。因此，學習離不開自身的能力與特質，也不可避免地會受到環境的影響。

　　由此可見，學習一點兒也不簡單，它是一個複雜而微妙

的系統工程。大致而言，學習的核心要點包括以下五個方面。

1. 保持開放心態，持續接收資訊

要建構知識，離不開對資訊的獲取，而獲取資訊會受到專注力、動機、意圖、方法、資源等因素的影響。對此，要想高效學習，第一關就是以開放的心態、好奇心，積極而有效地獲取高品質的資訊。

如上所述，如果沒有開放的心態（處於「石」的狀態），缺乏動機與熱情，就很難有效地獲取資訊；同時，心智模式也很關鍵，許多人有很強的主觀成見，要麼選擇性接收資訊，要麼以過去的規則或想當然地做出判斷，犯「經驗主義」的毛病；再者，方法也很重要，有人擅於從各種管道收集資訊，並能辨別資訊的品質，這樣他的學習效率就高。

此外，一個人能否接觸到高品質的資訊，也與資源甚至機遇等有關。

2. 啟動既有知識，有效吸收新知

即便接收到了高品質的新資訊，個人能否將其充分消化、吸收並真正理解，是建構知識的第二關。這一步雖然需要全腦的參與，但概括而言，主要發生在大腦皮質的一個叫作「工作記憶」的區域。按照目前的瞭解，工作記憶處理速

度很快，但容量有限，即同一時間能處理的孤立的資訊數量有限。

　　同時，個人要從「長期記憶」中提取出過去存儲下來的信息，利用原有資訊以及經驗、規則等，去分析、解讀新資訊，使其變得可以被理解、有意義。不能被理解的資訊，很快會被作為無意義的資訊而拋棄；有意義的資訊，會改變原有狀態，或者與其他資訊連接、重新組合，被「儲存」進長期記憶之中。

　　所謂「長期記憶」，是大腦中另外一些區域，它如同一個巨大的倉庫，存儲容量非常大，但處理速度較慢，它依賴神經元之間的連接進行「存儲」和「提取」。個人學習本質上是知識體系的構建與更新以及動態變化的過程。每個人都有一定的知識基礎，這些知識基礎也會動態變化。要想提高學習效果，必須啟動原有的資訊，從不同的角度分析資訊並聯繫實際情況，進而提高對資訊的解讀、賦義能力。

　　事實上，有研究指出，新手和專家在學習方面最大的差別就在於背景知識的差異，正如古人有云：「內行看門道，外行看熱鬧」，對於「外行」或「新手」、「初學者」來說，沒有那麼多知識積累，這就如同流沙，雖然有了一些碎片化的知識積累，但還沒有固化或自成一個體系的結構。在這種情況下，就沒辦法深入觀察、瞭解特定情境的含義，也可能

出現搖擺或困惑，今天聽到這個專家講這個東西覺得不錯，明天聽到另外一個人講另一個東西，覺得好像也有道理，就像沙子一樣被吹來吹去，搖擺不定。相反地，對於「內行」或「專家」來說，因為已經具備廣泛而深厚的知識基礎，如果他仍能保持開放的心態，處於學習狀態，那就能看到其中的異同，不僅能夠有效應對，還可以從中學到新知。

所以從某種意義上來說，一個人的知識基礎越深厚，學習能力往往就越強。

3. 組織、連接，間隔重複，強化記憶

如上所述，被存儲進「長期記憶」的資訊，當需要時，能否被有效地提取出來，是影響新資訊消化、吸收的重要因素。

按照現代腦科學的研究，這些資訊的「提取度」與神經元之間的連接有關，因此，通過關聯、比喻等方式把相關的資訊組合起來（被稱為「組織」），可以加快資訊的處理；同時，通過間隔重複等技巧，可以增強神經元之間的連接，提高記憶力，防止「遺忘」。所謂遺忘，並不是被存儲的資訊「消失」了，而是無法被訪問、提取出來。

當然，關於記憶，還有很多實用技巧，感興趣的讀者可以深入學習，找到適合自己的超級記憶術。

4. 學以致用、及時復盤，優化經驗、規則

在我看來，知識是與行動相關的。如果只是把資訊記住了，並不是真正的學習。當個人通過主動獲取資訊，基於已有的知識對其進行解讀、分析（資訊處理），理解並記住了一些特定的規則（類似「在什麼情況下，遇到什麼問題，怎麼做是成功的」）時，以後遇到類似情境下的問題或挑戰，就可以指導自己採取有效的應對措施，從而提高個人行動的效能。這才構成了一個完整的學習循環。

因此，學習不只是「學」，還一定要包括「習」。在某種意義上講，「習」重於「學」，因為只有通過「習」，我們才能真正理解「學」到的資訊，並通過實際行動結果的檢驗，驗證建立起來的規則的真偽。如果沒有「習」，只有「學」，那就只能讓人感到疲乏或困惑，自認為是「萬事通」，實際一動手，卻發現只是「紙上談兵」。這就是荀子在二千多年前所說的：「學至於行之而止矣」。

即使整天在網上看一些資訊，或者到處聽各種講座，也並不是在學習，那只是學習過程的一部分，如果離開了主動的實踐，對那些資訊不加以分析、驗證，真正轉化為自己的能力，學習就不會發生。為此，必須結合自己的實際工作或生活，將所學付諸應用，之後再進行復盤，不僅能夠發現可複製的成功，也能夠「知其然，知其所以然」。

5. 形成並持續優化「心智模式」

　　如第二章所述，伴隨著學習和行動，每個人都會形成一些「心智模式」，也就是一些固定的經驗、規則、信念以及行動「套路」，來加速資訊的處理和決策的制定。按照詹姆斯・馬奇（James G. March）的說法，這可能是借由「試錯」或模仿他人，甚至是「自然選擇」形成的複製過去成功的行為模式，比如「一朝被蛇咬，十年怕井繩」。毫無疑問，心智模式的形成會加速資訊的處理，心理學家艾利克森也認為，大師與新手最大的區別就在於「心理表徵」（類似「心智模式」的另外一種表述）。但是，心智模式也是一把「雙面刃」，它會給上述學習的各個關鍵環節，帶來消極或負面的影響：

- ・心智模式會讓人產生自大、無所不能的假象，扼殺好奇心，演變成某種成見或猶豫，影響資訊的獲取。
- ・心智模式恐會按照過去有效的固定模式去解讀信息，影響資訊的消化和吸收，阻礙創新。
- ・心智模式恐會形成特定的價值取向和思維偏好，影響人們的決策與行動。

　　因此，高效學習者必須認識到「心智模式」的存在，始終保持開放的心態，有效地應用心智模式，使其加速學習而不是妨礙學習。

成人學習的類型

　　從原理上看，成人學習是一個知識建構的過程。也就是說，在有了學習目標和動力之後，個人就會產生學習需求，並據此從各種途徑和管道獲取自己所需的資訊，之後將這些資訊與自己已有的知識基礎進行連接，對其進行解讀、賦予意義，使個人的知識體系因此得以增值、擴展，從而改變自己的行動或行動規則。透過觀察行動的結果，驗證自己是否真的學習到了新東西。

　　這是一個反覆循環的過程。

　　那麼，我們又該如何構建適合自己的知識基礎呢？

　　有哪些具體的途徑或方法呢？

　　從資訊管道和學習的結構化程度兩個維度，我們可以對學習方法進行解析。

1. 資訊來源：自己和他人

　　從資訊來源上看，學習有兩個管道：自己和他人。拿圍棋棋手來說，要提高自身的對弈能力，主要有兩種方式：一

是反省，二是復盤。

所謂反省，就是學習前人、高手總結的經驗或規則，對照規範或最佳實踐（比如典型對弈「棋局」或「棋譜」），進行刻意練習，這樣就可以站在前人的肩膀之上，快速入門，避免自己低水準摸索。這是向他人學習，我們常見的看書聽講、請教他人、標竿學習、案例研究等，都是一些具體的表現形式。

所謂「復盤」，就是下完一盤棋之後，對整個過程進行系統的梳理、反省，從中學到經驗與教訓。這是從自身經歷中學習。因此，學習既離不開主動地檢視、反省自己，也要廣泛地向他人學習，就像荀子所講：「君子博學而日參省乎己，則知明而行無過矣。」（以上出自《荀子‧勸學》）也就是說，君子要廣泛地學習，並且每天檢查、反省自己，那麼就會智慧澄明，行為也就沒有過失了。

在《復盤＋：把經驗轉化為能力》一書中，我曾探討過復盤（從自身經歷中學習）和反省（向他人學習）兩種方式的優劣勢（見表4-1）。從實踐的角度看，向他人學習的管道可細分為身邊的人、老師（或高手）、網際網路、圖書／雜誌四類。

表 4-1 復盤 VS. 反省

	復盤	反省
優勢	・針對性強（做什麼、學什麼） ・生動、具體、深刻（知行合一）	・簡易、快捷、廣博 ・一般來說，高手或專家總結、提煉的經驗經得起推敲，有些也經過了時間的檢驗。
劣勢	・閱歷／數量有限 ・可能存在偶然性 ・個人悟性有差異，學習效果因人而異。	・過去累積的經驗，未必適合當前的狀況。 ・他人總結的經驗往往具有一定的抽象性，存在一定的轉化難度（知易行難）。 ・針對性差，未必適合學習者當下具體或特定的場景，需要消化吸收後再靈活使用。

製表人：作者

2. 學習形式：正式學習 VS. 非正式學習

　　從學習的結構化程度來看，學習分為兩類：正式學習和非正式學習。

　　所謂正式學習，指的是有明確的目標、內容與過程設計，並且通常有人來引領學習過程的學習活動，包括一些培訓課程、學習項目。一般來說，正式學習的結構化程度較高，往往由行業專家設計或交付。所謂非正式學習，是與正式學習相對的，指的是由學習者自主發起、自我掌控、自我負責的、

自發進行的學習活動。一般而言，非正式學習的結構化程度稍差，要因人而異、因地制宜、因需而動。

概括而言，正式學習和非正式學習區別如（見表 4-2）所示。如果某一項工作任務或學習需求對你特別重要，而且時間緊迫，通過個人摸索或其他非正式學習方法很難達到預定目標，或者效率不高、效果不好，建議你採用正式學習方式來進行。

表 4-2 正式學習 VS. 非正式學習

	正式學習	非正式學習
時間	固定或提前規畫（線上正式學習具備更多靈活性）	相對隨意，在需要的時候進行地點。
地點	一般固定或具備一定要求（線上正式學習有更多靈活性）	隨時隨地，相對自由、多樣化。
引導人員	由專人擔任引導員或講師	由學習者自動自發
學習設計	具備明確的學習目標與內容，交互設計。	相對自由，一般缺乏明確的設計。
學習過程	預先設計、管理交互過程	缺乏管理，更多靠學習者自控。
學習效果	若設計合理、過程管控得當，學習效果就會有保障。	取決於學習者自律，參差不齊。

製表人：作者

成人學習的十八種方法

基於上述兩個維度的分析，我們可以梳理出成人學習的十八種常用方法（我把它稱爲個人學習的「降龍十八掌」），如（圖 4-2）所示。

1. 基於自身經歷的非正式學習

從根本上看，任何學習都是高度個人化的過程。除了少量自發性、隨意性的學習，個人的大多數學習都是有目的的，也就是說，每個人都會出於自己的需求或特定目的，採取不同的方式，獲取資訊，對資訊進行加工處理，並爲我所用。

如果沒有特別嚴格的結構或程式，個人基於自身經歷的非正式學習的主要方法包括：

★總結／反省（方法 1）：不管有意或無意，也不管是否掌握流程與方法，每個人都會對自身過去的經驗進行總結／反省，從中學到經驗或教訓。

★推演／試驗（方法 2）：除了自身過去的經歷，個人也會對未來要做的事情進行推演、探索或試驗，思考、謀劃

各種判斷及對策，這也是一種學習途徑。

以上兩種方法都是非結構化的，每個人依自己的需要和習慣進行。

2. 基於自身經歷的正式學習

學習的主要方法就是復盤（方法3，參見第五章）。

★**復盤（方法3）**：復盤的目的在於從自身過去的經驗中學習，為了有效學習，則需遵循特定流程，包括回顧、評估、分析原因、提煉知識及學以致用。因此，我認為復盤是

圖4-2 成人學習的十八種常見方法

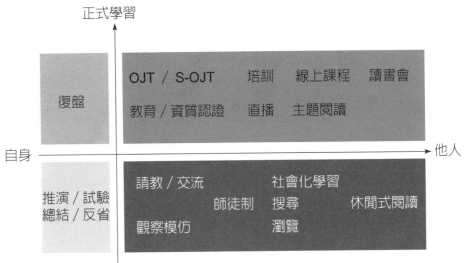

一種正式學習方法。

在電視劇《我的兄弟叫順溜》中，男主角順溜和戰友們經歷了慘烈的三道灣戰役之後，司令官陳大雷給順溜佈置了一個任務，讓他總結這次戰役的戰鬥經驗，並且很有章法地告訴順溜：你回顧一下戰鬥過程，看看「開始怎麼了，中間怎麼了，後來又怎麼了？」，然後再分析一下「哪裡做得好，哪邊又需要改進？」

司令官表示：「經過總結的每一滴血、每一顆子彈，將來都能閃閃發光……」這其實就是通過復盤來總結經驗、萃取知識的一個縮影。實踐經驗表明，無論是業務專家、管理者個人，還是帶領團隊的領導者，都可以通過復盤來提升能力，提高效率與效果。就像在華為、萬達、聯想、英國石油公司等組織中，公司習慣每打完一仗就進行復盤，希望能從中學習到如何打勝仗，這不僅是開發領導能力的良方，也是提升團隊作戰和組織能力的重要途徑。

3. 基於他人的非正式學習

除了自我學習，身邊的人是我們日常最容易接觸到的學習資源或管道。向身邊人學習的非正式學習的主要方法包括：

★觀察模仿（方法4）：不管是否有人傳授，或你是否已掌握並觀察到上述技巧，你只要待在高手身邊，久而久之，

你就有機會學到一些東西。

★**請教／交流（方法 5）**：當你遇到困難時，你可向身邊的人請教或交流。若此人是業務專家或某方面的高手，那麼這也將是一次難得的學習機會。當然在很多情況下，這種學習效果很難保證有效。

你身邊的人中，有可能存在一些比較有能力、可以長期、持續地或者在一個時期內教你的人，我將這些人稱為「老師」。同時，大多數人都或多或少地會有機會接觸到一些外部的老師或專家，他們大多數時間不在你身邊，但是，如果你在某個時間或某段時間內有機會接觸到他們，可以向他們請教或學習。

這也是你寶貴的學習資源。

對於向老師學習，非正式的學習方法除了前面所講的觀摩、請教，主要方法是師徒制（方法 6）。

★**師徒制（方法 6）**：做為一種歷史悠久的知識傳承機制，我們可以正式或非正式的模式去「拜師」，認這些高手當「師父」，向其學習。

需要說明的是，我在這裡所講的是你的「師傅」，他們是和你一起工作的資深工作夥伴或指導人，在通常情況下，他們並不會系統地教授你，你從他們那裡獲得的學習，大多數是憑藉著貼身觀察、模仿或者時不時地請教、討論得來的，

因而我把這一類學習歸入非正式學習的範疇。以下所講的在職訓練或結構化在職訓練，則是公司安排的正式學習專案。

除了身邊的人和老師之外，在當今時代，無所不在的網際網路也是成人學習的重要來源。在這方面，我認為主要有五種學習方式，其中以下三種屬於非正式學習：

★**瀏覽**（方法 7）：無論是否有目的，我們每天都會透過手機、電腦或其他網路設備瀏覽資訊，或許將來便可派上用場。

★**搜尋**（方法 8）：當你在工作、生活中遭遇一些問題或困惑，通過網路搜尋、社群平台等，可以找到答案或線索、啓發。相較於漫無目的找資料，請讓搜尋更具針對性。

★**社會化學習**（方法 9）：隨著 Web 2.0 的崛起，社交媒體廣泛流行，也許相隔千萬里，但具有共同興趣愛好的人也可透過社交媒體與平臺進行即時、持續的交流，共用資訊與經驗並相互啓發，這種新型的社會化學習在某種程度上，可能比搜尋更有效。

除了上述途徑，另外一種歷史悠久的向他人學習的媒介是圖書和雜誌出版物。通過圖書、雜誌來學習的非正式學習方式主要是：

★**休閒式閱讀**（方法 10）：未經過刻意設計，純粹基於興趣愛好，隨意地讀書、看報、瀏覽雜誌，獲取資訊並記憶。

4. 基於他人的正式學習

向他人學習也有多種正式學習方式。其中，向身邊的人學習的正式機制或方法，常見的有兩種：

★**實踐社群（方法 11）**：在某些企業中存在一些形式各異的實踐社群，也稱為「知識社群」（Community of Practice，cop）。按照哈佛大學教授溫格的說法，實踐社群有三個關鍵字：共同興趣、知識領域、社群的組織形式。

★**在職訓練／結構化在職訓練（方法 12）**：部分企業對於身處某個職位上的員工，公司或特定部門會設計並實施在職訓練（OJT）或是結構化在職訓練（Structured On-Jobtraining，S-OJT）。這種內部培訓通常有專人管理、具備明確目標、並有設計好的學習內容及專業講師，屬於一正式學習。

如果你有機會或者有明確的需求，對於向老師學習，你也可以採用以下兩種正式學習方法：

★**教育／專業認證（方法 13）**：如果你有機會參加一個學歷或非學歷的教育專案（比如 MBA、進修班），或者是資質認證專案（比如專案管理、會計師等），會有一些老師，這是傳統意義上的老師，也是你的一種學習資源。

★**培訓（方法 14）**：在一些重視人才發展的公司，經常

為員工提供一些培訓項目，包括線上學習課程以及線下培訓。

　　基於網際網路的正式學習，雖然主要是非正式學習，但是近年來，隨著線上學習的快速發展，也湧現出一些正式線上學習資源或方法，包括但不限於：

　　★**線上課程（方法 15）**：一般而言，這些課程都有明確的目標、預先設計好的內容，學習過程也會得到指引或管理，因而它們屬於正式學習。

　　★**直播（方法 16）**：隨著頻寬的不斷增加，網路媒體日益普及，通過網路直播可以讓不同的人跨越空間距離進行即時交流。尤其是在新冠肺炎疫情的背景下，大量學校、企事業單位通過直播或虛擬教室（Virtual Classroom）軟體或平臺進行教學、會議，包括一些專題的培訓分享與研討。

　　需要說明的是，直播既是一種技術手段，也有很多學習資源，如果是通過直播方式來交付一些培訓課程，或者是聚焦於某個主題的系列直播學習資源，則屬於正式學習的範疇。但在現實生活中，大量直播並未經過系統的設計，只是人際交流或「帶貨」、行銷的一種方式，並不屬於正式學習的範疇。

　　除此之外，從圖書、雜誌學習還有兩種正式學習方式：

　　★**主題閱讀（方法 17）**：也就是有目標、有計劃、成體系地通過讀書來學習某一個主題。

★**讀書會**（**方法 18**）：無論是在公司內部還是外部，你可能會發現一些專題的讀書會，它們是一群有著共同興趣愛好的人，通過有組織的方式，共同進行系列的閱讀學習。雖然有些讀書會會發展成爲實踐社群，但大多數讀書會可能在完成其階段性目標之後就解散了，或者演變成一種鬆散、沒有明確目的或目標的學習群體。

選擇適合自己的學習方法

對於上述十八種方法，你不必全部都掌握。但是一些常用的方法，比如主題閱讀、復盤、向專家請教、社會化學習等，還有你可能會用到的方法，必須學會、用好。同時，你掌握的方法越多，你的學習力、學習速度和學習效果也就越好。

那麼，我們如何選擇適合自己的學習方法呢？

按照上述對個人學習方法的分類，在選擇學習方法時，我們需要考慮學習資源（來自自身還是他人）、知識的性質（顯性知識或隱性知識）或學習的結構化程度（正式學習或非正式學習）等。爲此，可參考（圖 4-3）所示的邏輯樹，找到適合自己的學習方法。具體來說，操作要點主要爲：

★ **判斷學習的可行管道，知識技能是透過自學而來的。**如果可以，則進一步判斷是否需要深入探究。如果不需要，亦可透過總結 / 反省（方法 1）或推演 / 試驗（方法 2）的方式來解決。如果需要深入探究，則需採用基於個人的正式學習方式，也就是復盤（方法 3）。

★若習得的知識或技能，無法透過自學取得，那麼則需向他人學習。對此，先判斷是否可以通過向自己身邊的人學習來獲得。如果是，則進一步判斷所需學習的知識是顯性知識還是隱性知識。如果是顯性知識，一般可以通過觀察模仿（方法4）或與身邊的人請教／交流（方法5）等方法直接獲得；如果是隱性知識，則需要持續進行一段時間的系統化學習。

在這種情況下，則需要進一步考察身邊的人，看有沒有高手或業務專家。如果有，則採用師徒制（方法6），拜其為師，進行深入、有系統的學習；如果沒有，則可以考慮公司內部是否存在相關知識領域的實踐社群（方法11），或者存在相應的在崗培訓／結構化在崗培訓（方法12）。如果公司內沒有相應的資源，則說明先前的判斷有誤，此路不通，可往更大範圍探索其他方法。

★若無法透過身邊的人脈資源（含職場前輩或培訓講師）來學習，只能考慮組織外部的資源。首先看組織外部有沒有相應的老師，如果有，看是否存在相關的教育／資質認證（方法13）或者培訓（方法14）。如果有類似的正式學習資源，它們的效率更高、效果更好；如果沒有，則只能通過圖書／雜誌或網路交流等更為間接的方式。

★若有專門的圖書／雜誌，則需判斷是否仍需有系統地學習。如果是，則需採用主題閱讀（方法17）或讀書會（方

圖 4-3 選擇學習方法的邏輯樹

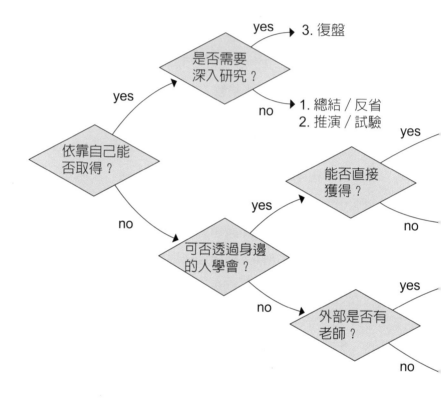

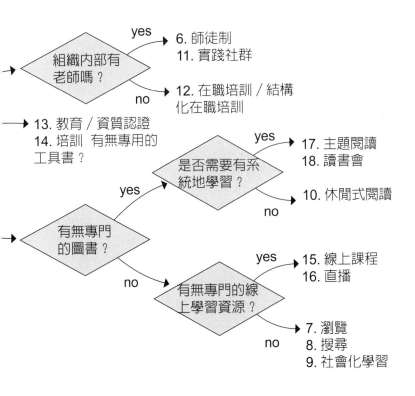

→ 4. 觀察模仿
   5. 請教／交流

yes → 6. 師徒制
      11. 實踐社群

→ 組織內部有老師嗎？

no → 12. 在職培訓／結構化在職培訓

→ 13. 教育／資質認證
   14. 培訓　有無專用的工具書？

是否需要有系統地學習？

yes → 17. 主題閱讀
      18. 讀書會

no → 10. 休閒式閱讀

yes → 有無專門的圖書？

→ 有無專門的線上學習資源？

no →

yes → 15. 線上課程
      16. 直播

no → 7. 瀏覽
     8. 搜尋
     9. 社會化學習

法 18）的方式，選擇一系列相關圖書／雜誌，進行系統的學習；如果不是，進行休閒式閱讀（方法 10）即可。

　　★若無相關圖書／雜誌，則需進一步查看是否有專門的線上學習資源（包括公司內部的網路學習資源）。一般來說，基於網際網路的線上學習資源比正式的圖書／雜誌更新、更快，但是品質可能參差不齊。如果有專門的線上課程（方法 15）或「直播（虛擬教室）」（方法 16），也是難得的學習資源；如果沒有相應的線上正式學習資源，只能通過瀏覽（方法 7）、搜尋（方法 8）、社會化學習（方法 9）等方法。

煉金術知多少

　★理解「學習」是成長的關鍵更是一個系統，也是「知識煉金術」的核心。
　★成人學習的類型有哪些？
　★個人學習的方法很多，如何選出適合自己的模式？
　★試著對應你當前需要完成的各項任務，選擇最適合的學習方法。
　★對照成人學習的十八種常見方法，哪些是你最擅長的方法？

復盤—
從自身經歷中學習

「古人學問無遺力，少壯工夫老始成。紙上得來終覺淺，絕知此事要躬行。陸遊這首詩寫得真不錯。」李天豐在心裡慨歎了一句，一種認同和共鳴感油然而生。

的確，這段時間李天豐看了很多資料，也請教過公司裡一些業務高手，但是總感覺不解渴，別人說的那些東西看起來都有道理，自己也好像明白了一些，可是，實踐起來要麼不知道從哪裡下手，要麼做起來並不是那麼一回事。

看起來，還是得靠自己的親身實踐，「反省」過後，方能「明白」！

的確，不管你個人多麼擅長向他人學習，有多麼優越的學習資源，如果不能親身實踐，就不可能轉化為自身的能力。就像南宋詩人陸游在《冬夜讀書示子聿》一詩中所講的那樣，從書本上和他人那裡得到的知識終歸是淺薄的，想要深刻地認識事物的本質，則必須經過自己的親身實踐，而復盤就是「反躬自省」。之後再將經歷轉化為能力的結構化方法。

復盤 — 最有效的自學方法

　　「復盤」一詞源於圍棋用語，指的是棋手下完一盤棋之後，通過回顧、分析、反省，找出自己對弈過程中的利弊得失及其原因，從中學習到一些實戰經驗與教訓訓，進而提升棋力和未來的表現。就像華爲創始人任正非所講：「將軍不是教出來的，而是打出來的。」的確，對於成人來說，復盤就是從工作中總結經驗及教訓，是最有效的學習途徑。

　　按照學習發展領域公認的「70：20：10」人才培養法則，成人學習最重要的來源是在崗工作實踐（約占七成），其次是與他人的交流（約占二成），正式的培訓與教育只占很小的比例（一成）。因此，復盤作爲一種從經驗中學習的方法，也是個人學習、提升能力的重要途徑。試想，你如果能夠把自己的每一段工作經歷、每一項任務、每一次挑戰，都變成學習機會，從中學習，促進自己能力提升，那將會是怎樣一種狀況？

　　在我看來，學會復盤，把復盤這項工作做足並形成一種習慣，是個人成長爲專家不可或缺的一環。同樣，對於知識煉金士來說，復盤也是你必須掌握的核心技術。

復盤之道：U 型學習法

　　那麼，我們到底應該如何從復盤中學習呢？荀子講道：「不聞不若聞之，聞之不若見之，見之不若知之，知之不若行之。學至於行之而止矣。行之，明也。明之為聖人。聖人也者，本仁義，當是非，齊言行，不失毫釐，無它道焉，已乎行之矣。故聞之而不見，雖博必謬；見之而不知，雖識必妄；知之而不行，雖敦必困。不聞不見，則雖當，非仁也，其道百舉而百陷也。」（以上出自《荀子・儒效》）

　　意思是說，如果你沒有經歷，幾乎就沒辦法學習，所以，想要學習，就要多去創造經歷（「不聞不若聞之」）；但是，只有經歷是不夠的，還必須對你的經歷積極思考，產生見解（「聞之不若見之」）；在此基礎上，要透徹地領悟一般性的規律或原理（「見之不若知之」）；做到這一步還沒算學習，還得將領悟到的知識付諸行動（「知之不若行之」）。

　　只有行動得以改進，學習才算是真正發生了（「學至於行之而止矣」）。當你學以致用，不斷改進自己的行動時，就能達到「通透」的狀態（「行之，明也」），成為「聖明

的人」（「明之爲聖人」），才能夠堅持以適宜的人倫規律爲本，是非判斷、言行舉止才能夠完全恰如其分（「聖人也者，本仁義，當是非，齊言行，不失毫釐」）。要達到這一境界，沒有其他途徑，只有通過知行合一（「無它道焉，已乎行之矣」）。

如果只是有經歷而未思考，沒有產生見解（「聞之而不見」），即使閱歷豐富也只是荒謬罷了（「雖博必謬」）；如果對具體經歷有了思考和見解，但沒有悟得一般性的規律或知識（「見之而不知」），雖然長見識了，但還是虛妄的（「雖識必妄」）；如果悟到了知識，卻不去行動（「知之而不行」），雖然你的知識很敦厚，但還是困頓的（「雖敦必困」）。

當然，如果既沒有經歷，又不去思考（「不聞不見」），即便這次你做對了，也不是靠你自己的主觀努力實現的（「則雖當，非仁也」），以後再去行動，仍然是做一百次錯一百次（「其道百舉而百陷」）！

荀子這段話是對人們如何從經驗中學習的闡述，非常深刻、到位。就我的理解，荀子認爲要讓「學習」順利產生，需要經歷四個步驟：聞、見、知、行。

1. 聞（具體經歷）

所謂「不聞不若聞之」，指的是人要想學習與成長，必須有廣博、豐富的經歷（「聞」），爲此，要努力爭取機會多去體驗，在體驗的基礎上，還必須及時對過去的經歷進行回顧、梳理，使其成爲有意義的學習的「原材料」。如果沒有經歷，每天都是一成不變、簡單機械地重複過去，就不會有學習。

2. 見（深入反省）

所謂「聞之不若見之」，指的是不僅要回顧、梳理，更要進行深入分析，力爭發現成敗優劣的根因與關鍵，形成一些「洞見」或覺察。如果只是簡單地總結，沒有反省、分析，那就只是繼承或重複，難以學習到有價值的東西。

3. 知（提煉規律）

所謂「見之不若知之」，指的是不僅要基於本次經歷（特定情境、特定任務）的「洞見」，還要「舉一反三」，深入地探究、瞭解事物背後的規律，並且考慮到各種可能的變化以及未來的適用性（延展性），從而提煉出適合未來、其他情境下此類任務更好的打法。這是一種「知識」或採取有效行動的能力，相對於個人過去的認知狀態，就是一種創新。

4. 行（轉化應用）

所謂「知之不若行之」，指的是學習是知行合一的，只有將「知」應用於實踐，指導自己的行動，提高行動的效率和效果，才是真正的學習。因此，要基於學到的經驗與教訓（「知識」），結合自己下一步的任務與挑戰，有效地應用所學，提高行動的效能。只有經過實踐的檢驗，才能證明你真的學到了、會用了，這是你的能力，有了此種能力，你可以英明地應對各種挑戰（「明」、「知」）。因此，荀子認為「學至於行之而止矣」。從思維的脈絡上看，以上四個步驟涉及「由表及裡」、「由此及彼」兩個維度、三重轉變。

第一步的主要動作是，對自己的具體經歷進行回顧、梳理，包括回顧自己的目的與目標、策略打法與計畫，也包括實際的過程及結果。這針對的是此處、當前（剛結束或剛過去）的事件或活動，是具體而生動的（「此」、「表」）。

第二步的關鍵動作是對比、分析、反省。基於過程與實際結果，對照目標與計畫，找出這一具體事件中自己的利弊得失、亮點與不足，並分析其根因，把握關鍵，不只是看到表像，更要把握本質（「此」、「裡」）。

第三步則需要舉一反三，進行總結、提煉，看看以後此類事件或相關情況應如何處理，也就是說得到一些經驗或教訓，這針對的是未來的一般原則或做法（「彼」、「裡」）。

第四步的核心在於，將得到的一般原則（經驗教訓）應用於未來的實際狀況（工作任務、問題或挑戰），針對的是未來的行動（「彼」「表」）。因此，由第一步到第二步是「由表及裡」的過程，要求用心、「知其然，知其所以然」；第二步到第三步是「由此及彼」的過程，要求靈活、創新，注重概括、提煉，「舉一反三」；第三步到第四步是從理論到實踐，是「去粗取精」「去偽存眞」「學以致用」的過程。整個過程的輪廓像英文字母「U」（見圖5-1），故而我將其稱爲「U型學習法」，這正是復盤的底層邏輯，是「復盤之道」。

　　基於上述分析，要想眞正從復盤中實現學習，必須遵循特定的程式、邏輯或步驟，這些步驟至少包括下列四個階段。

圖5-1 「U型學習法」示意圖

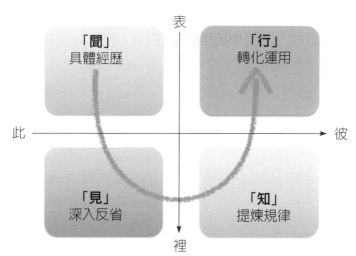

復盤的過程與核心價值

1. 回顧、評估

其實不僅要梳理事件的過程與結果，也要回顧預期的目標、策略打法與計畫。如果沒有目標和計畫，就沒有做比較的參考基準。

事實上，就像《禮記‧中庸》篇中所說：「凡事豫（預）則立，不豫（預）則廢。」如果沒有目標和事先的籌畫，不僅沒有辦法評估、確定出亮點或不足，同時也是缺乏能力的表現。如第三章所述，所謂有能力，就是要能夠「謀定而後動」，使得最後的結果按照預先的籌畫、達到預期的目標。因此，通過復盤，不僅有助於實現事前的「謀定」，而且有助於提高行動的效能（「後動」）。這樣才能把經驗轉化為能力，也是我為什麼說「無目標，不復盤」。[1]

回顧完目標與計畫之後，要將實際結果與預期目標進行對比、評估，找出一些具備學習價值或富含深意的差異（亮點或不足）。

2. 反省、分析

對於上一步中發現的一些有價值的差異（亮點或不足），要進行深入的反省、分析，找出根本原因，以便「知其然，知其所以然」。

3. 萃取、提煉

在找出了根本原因之後，要「舉一反三」，思考一下，從這個事件中，我們能學到什麼？什麼是這類事件的一般規律？對於這類事件或類似工作，哪些做法是奏效的，值得傳承或推廣？哪些做法是無效的，需要改進？

4. 轉化、應用

因為學習的目的是更快、更好地行動，所以要將總結、提煉出來的經驗與教訓轉化到自己的後續行動中，也就是「學以致用」，看看需要開始做什麼、停止做什麼，以及繼續做什麼，或者要做哪些改進。

無論是個人還是自己所處的團隊，乃至整個組織，都要考慮採取一些具體可行的措施。在確定了具體的行動措施之後，要明確完成的時間進度與責任人，落實為具體的改進計畫。以上是做復盤的基本步驟。具體來說，可以參考（表5-1）

所示的範本。

表 5-1 簡易復盤（範本）

回顧、評估	反省、分析	萃取、提煉	轉化、應用
・當初為何做這件事？ ・預期目標是什麼？ ・策略和計畫是什麼？ ・已達成哪些預期目標（亮點）？又有哪些尚未達成（不足）？	・具備價值的「亮點」，其關鍵成功要素是什麼？ ・對於重要的「不足」，根本原因是什麼？	・從這個事件中能學到什麼經驗？以後在做類似工作時，可以複製或傳承哪些做法？ ・在以後做類似工作時，哪些教訓值得汲取或改進？	・為了改進經驗的傳承和教訓，需要採取哪些措施？何時能完成？

製表人：作者

註：該表格由邱昭良博士設計，授權讀者個人學習與研究使用，禁止用於商業目的。未經允許，禁止複製或傳播。

我該針對什麼進行復盤？

　　「復盤」做為一種個人學習和成長的方法，可以隨時隨地進行。就像《論語‧學而》篇中所言：「曾子曰：吾日三省吾身。」我個人的實踐經驗表明，只要復盤，就有收穫。

　　當然，我們每天都會遇到許多事情，大多數情況也可能比較正常，按照慣例、規定或經驗處理即可，有些事情則需要當機立斷，因此，不是所有事情都要花專門的時間、按照標準流程進行復盤。但是，定期復盤是非常重要的，不管是月度、季度、年度復盤，還是自己參與的專案到了某個階段，都值得而且應該進行復盤。

　　此外，對於一些重要問題、例外情況，或者按照規範、慣例處置不太奏效的事件，以及對自己學習、成長有價值的事情，要特別留意，認真復盤。根據我的經驗，下列情況可以進行個人復盤。

1. 新鮮事物

　　如上所述，新的經歷是寶貴的學習機會（「不聞不若聞

之」）。如果某件事對你來說是新的，是你或團隊第一次做，那麼，在做完之後，無論是做成了，還是有很多遺憾，都可以及時進行復盤，從中摸索經驗教訓，找到下次在類似事件時，可以繼承或改進的地方。

2. 重要的事

但凡重要的事情影響都很大，對我們也更具意義，所以需要格外慎重。通過復盤，有助於找到關鍵成功要素，提高成功率。

3. 有價值的事

對照你的學習與發展目標，你可以梳理出哪些事情是更有價值的？哪些能力項是你需要刻意練習與提升的？對此，一旦你感覺某些事情或工作涉及了這方面的能力，就可以進行復盤：總結規律，發現不足與需要改進的方向。

4. 未達預期的事

如果某件事情未達預期，或者出現了一些偏差或缺陷，說明你或團隊對這類事件的規律性，其掌握度還不夠高，應對能力可能有待加強。這正是你需要提升的地方，或是你可以從中學習的機會。為此，請務必要及時進行復盤。

同時，通過復盤，還可以迅速制定改進或補救方案。

個人復盤的兩面手法

依據事件本身的大小、重要性與複雜程度，個人復盤操作起來也可能差異很大：對於一些重要而複雜的大事、難題，可能得花較長事件來梳理，甚至按照復盤的結構一步一步地進行，並總結成書面材料；對於一些相對簡單的事件，可能只需像曾文正公那樣，做完一件事情之後，點一炷香，默默地在心裡把整個過程回想一遍。

例如，組織完一次會議之後，你可以復盤一下會議的過程和結果，以便下次會議能夠開得更有成效；參加一次商務談判之後，你可以復盤一下自己使用的策略，以便以後的談判會更胸有成竹、勝券在握。可以說，任何時間、任何地點、任何事件，只要你覺得有必要，都可以進行復盤。基於我個人的實踐經驗，個人復盤的操作方法包括下列兩類。

1. 自我反省

如果你有需要復盤的事項，首先請預估一下復盤大致需要多少時間。如果是相對簡單或明確的事件，可能十～十五

分鐘就能梳理清楚，完成復盤；而對於一些長期（如一個月或季度）的工作，或者重大的專案、複雜的問題，則可能需要留出半天甚至一天的時間，徹底進行有系統的復盤。

之後，找一個不受打擾的時間和空間，按照復盤的基本邏輯與一般過程，逐步進行個人回想和分析。為了讓你的思緒不至於亂飛，你可能需要以「簡易復盤範本」（見表 5-1）做為框架指引，或者用筆寫下自己的思考。

例如，我每個月都會花一小時的時間來復盤當月的工作；每年年初也會花半天時間進行全年復盤。對於個人參與的一些新的活動，更會進行復盤。例如 2015 年 6 月，我和團隊一起「重走玄奘之路」，這對於我是一種全新的體驗，每天到達營地後，我都會花上十～二十分鐘進行當日復盤；2019 年 5 月，當我跑完人生第一個全程馬拉松之後，我也立即進行了復盤……。

2. 教練引導

因為個人復盤難免陷入思維盲區，所以我有時會找一位合格的複盤教練來引導我，透過結構化提問的方式，請教練幫助我進行復盤，這也是一個明智的選擇。透過實驗可證明，合格的教練在保持中立之餘，更能夠聚焦過程，並有助於激發思考、給予支持，提高復盤的效率與成果。**2**

在提問時，除了（見表 5-1）中所涉及的基本問題之外，還要結合被教練物件的實際情況進行深入挖掘，幫助其打開心扉，客觀地看待自己、他人和外部世界，並全面、深入、動態地思考，把握關鍵與本質，萃取、提煉出真正能夠指導未來行動的經驗教訓。

個人復盤的四個侷限

雖然個人復盤操作起來並不複雜，但要想做到位其實並不容易。就像已故管理學家詹姆斯・馬奇所說：「經驗並非總是最好的老師」，而從經驗中學習存在，其實存在著以下四大方面的侷限或挑戰。**3**

1. 歷史的侷限性

因為復盤針對的是具體事件的討論，雖然我們不排除可以經由具體事件的分析提煉出一般規律的可能性，但正如馬奇所說，「歷史充滿隨機不確定性」。已經發生的歷史只是眾多「可能歷史」的一個版本，據此推導出成功的做法，有可能是片面的甚至是錯誤的。特別是「組織中的經驗經常是信號弱、雜訊大、樣本少」，很容易出現錯誤。即便你進行了深入的分析，徹底搞清楚了在當前這種狀況下事件的來龍去脈，它們也不一定就可以推廣到另外的情境之中，而是存在一定的隨機性或偶然性。

在我看來，人們在復盤中容易陷入的誤區是「過快得出

結論」，也許只是總結出了一次偶然性的因果關係，卻誤以為發現了規律。

2. 經驗的模糊性

正如馬奇所說：「歷史是複雜的。」我們所經歷的每一個事件，除去一些在嚴格受控環境之下的簡單動作，可以說都充滿了多種複雜而微妙的因果關係與相互影響，存在太多不同層次、不同力度的影響因素，它們之間也有大量的相互作用或制約關係。因此，要想從經驗中做出正確的推斷並非易事。在現實世界中，大多數通過複製成功而學習都容易犯「誤判」和「迷信」的錯誤，或者陷入「簡化事件」、「自以為是」的心理誤區。

基於我過往的經驗，我認為要把復盤做到位，大家可能會面臨二十五個挑戰或誤區（「坑」），其中包括「浮於表面」、「一團亂麻」、「歸罪於外、相互指責」等，例如有些人系統思考能力欠佳，根本無法做到縱觀全局、把握關鍵、梳理脈絡、認清系統發展演進的動態及其底層結構等關鍵，進而導致影響了學習效果。

3. 詮釋的靈活度

面對錯綜複雜的因果關係，請記住「詮釋是靈活的」，

可從不同角度進行挖掘或解釋，進而得到不同的啟示，甚至正如歷史學家保羅·瓦萊利所說：「歷史可以為任何事情辯護。」畢竟歷史無所不包，不管你希望得出什麼結論，相信都能從中找到例證。事實上已有證據表明，「不同的人根據同一經驗所描述的故事，兩者間往往是相互衝突的」。

4. 個人能力的差異性

　　復盤是個人的一種心智活動，不可避免地會受到個體認知能力、思維風格和心智模式的影響。面對鮮活而複雜的現實，個體的能力差異也會影響（甚至誤導）個人的學習效果。而這些差異包括但不限於如下七項：

- 「記憶與回憶歷史的能力有限」且存在偏見，例如人類對符合當前信念、動機的記憶，往往更敏感。
- 「分析能力有限」，詮釋因果關係、構建故事或模型時，容易受既有心智模式的影響。
- 存在先入為主且不易拋棄的成見，對挑戰自己先入之見的證據，通常更為挑剔。
- 「既歪曲觀察，又歪曲信念，以提高兩者間的一致性」。
- 「偏愛簡單的因果關係」，經常保持線性思維，認為「原因必定出現在結果附近」。

‧不喜歡複雜的分析，習慣依賴有限資訊和簡單計算得出的直覺啟發，正如尼采所說：「片面描述往往勝過全面描述」。

‧容易「詮釋經驗的大圖景」，常會不經意忽略細節。

由此可見，透過復盤來學習有其一定的侷限或缺陷。因此在個人應用過程中，一方面要綜合應用包括復盤在內的各種方法，不能僅用一種方法，就像西方諺語所言，「如果你只有一把錘子，看什麼都像釘子」；另一方面在做復盤時，更要設想如何有效地從復盤中學習，心存敬畏，審慎地採取最有效的措施。那麼什麼時候特別需要或適合復盤，什麼時候要用其他方法呢？

根據我個人的經驗，我認為答案因人而異，但大致可參考下列四個要點。

第一，「新手多打譜，老手勤復盤」。如果你涉足一個新領域，前人或高手肯定已經積累了很多經驗，做為新手，可以通過讀書、聽講等方式，快速、廣博、快捷地學習前人的經驗，不必事事都靠自己摸索，前者是更為經濟、高效的學習方式。但是無論何時，都不要讀死書、死讀書，萬事不可拘泥於傳統，對於前人或高手的經驗，在借鏡、傳承的同時，更要透過自己行動後的復盤來進行內化，從中發現創新與改進的契機。

第二，若有先例或前人的經驗，理應盡可能汲取，避免自己盲人摸象。若你做的事情，屬於前無古人或沒有先例之難事，那麼只能依靠自身行動之後的復盤。

第三，若環境穩定，可透過諸如標竿學習、向高手請教、外部培訓、外購等方式，學習和借鑒前人、高手的實踐經驗，或者通過復盤萃取、沉澱、固化自己的成功經驗；若環境複雜、多變，應多進行復盤。

第四，不管通過哪種途徑得到了一些資訊或經驗，必須經過自身的實踐，才能加以內化與檢驗。為此，復盤是培養個人能力不可或缺的環節。

實踐的誤區及對策

　　基於我個人多年復盤的實踐，我發現許多人在復盤的過程中，存在很多誤區或挑戰，雖包括但不限於以下幾方面。

1. 過於「任務」導向

　　雖然大家都明白「磨刀不誤砍柴工」的道理，但在現實生活中，許多人都是忙於「砍柴」卻忽視「磨刀」，表現出來的多半認為復盤是工作以外的「額外負擔」，甚至在復盤時沒有秉承學習的心態，而是急於解決工作中存在的問題。

　　需要說明的是，「解決工作中的問題」無可厚非，但如果只是一次性地解決了這個問題，不能舉一反三，以後可能還會重複犯錯。為此，更有價值的方式是不僅解決問題，更要從解決問題的過程中學習。

　　事實上，如果你的目的只是為了解決問題，其實更快捷、有效的方式是採取問題分析與解決的技術，先識別、定義問題，再分析問題的成因，設計解決方案，制訂行動計畫，不必採用復盤這一方法。但是在經過了一段時間之後，等到問

題獲得解決（或並未解決），這才想要進行復盤，以便提高自己解決問題的能力。

同時特別強調的是，不要讓急於解決問題的心態影響你對復盤的投入，誤導復盤進程，影響復盤效果。如果急於解決問題，在復盤時，許多人找到了亮點與不足，也進行了原因的分析之後，往往會跳過知識提煉、萃取這個環節，直接跳到尋找對策的階段，就事論事，忙於佈置後續的具體工作，並沒有思考在類似情況下哪些能做、哪些不能做。雖然這樣也能夠解決當時當事的一些問題，但其實丟掉了深入學習的機會。

對策：建議按復盤之道「U 型學習法」的內在順序來進行復盤，不要「跳躍」。 在分析了差異的根因或關鍵的成功要素之後，要進一步深入思考：

如果我們從這件事情上抽離出來，我們能從中學到什麼？

在面臨類似任務或挑戰時，哪些是有效的做法，哪些是無效或有待改進的做法？

此外，也要以開放的心態，客觀地對待亮點與不足，它們其實都是難得的學習機會點。即便是亮點，如果不經過復盤過程中審慎的知識提煉，也無法保證可以將原有的做法「複製」到未來。

2. 分析不夠深入

在復盤過程中，根因分析是非常關鍵的一個核心環節。如上所述，如果找不到成功或失敗背後的因果結構，就很難找到未來複製成功所需把握的關鍵要素。但是在實際復盤時，很多人要嘛淪於表面，只顧「蜻蜓點水」，並未深入挖掘；要嘛一團亂麻，結果莫衷一是，根本找不到真正的關鍵原因。這樣都會影響復盤的學習效果。

對策：詹姆斯・馬奇認為，盡可能提高自己的觀察品質和分析能力，使用更有力的分析、思考技術，這對個人來說，都能提高學習效果。事實上，除了一些簡單情境或任務之外，個人復盤面臨的多數問題皆屬複雜的系統性問題，可以運用諸如「五個為什麼」、「魚骨圖」等因果分析工具，或者「思考的魔方」、「因果循環圖示」等系統思考工具，找到關鍵影響因素及其關聯關係。[4]

按照我在《如何系統思考》一書中提出的「思考的魔方」模型，掌握更符合系統特性的思維模式，我們格外需要讓思維方式實現以下三種轉變：

（1）從自我侷限→洞察全局。 對待任何問題，都不能只是以第一人稱的本位視角（「我看到的事實是這樣的」、「我的看法是這樣的」）來思考，必須更換多個視角來獲取

信息和思考，包括他人視角（「你看到的是什麼？」、「你怎麼看？」）、第三人視角（「他們眼中的事是什麼？」、「他們怎麼看？」、「別人怎麼看我們？」）、外部客戶視角（「咱們別自嗨了，看看客戶怎麼看？」）、「上帝」視角（「站在更高或更廣闊的視角看，我們現在所做的事情究竟如何？」）。

（2）**從靜止、機械、線性地看待問題→動態、發展地看問題**。正如荀子所說，「物類之起，必有所始；榮辱之來，必象其德」，任何事物都不是絕對孤立存在的，都有其來龍去脈，為此，不僅要搞清楚事物的起因、發展變化的脈絡，還要看到事物構成要素之間的相互關聯關係，以及可能的變化、演進態勢。

（3）**從淪於表像→洞察本質**。大千世界是繽紛複雜的，如果你只停留於事件或表像層面，不去深究其驅動力和驅動力背後的系統結構層面的因素，就會像荀子所說的那樣，「聞之而不見，雖博必謬」，雖然經歷很多，什麼都見過，但是如果搞不清楚原因，觀點就可能是淺薄、荒謬的；當然，如果只是釐清具體事件的特定原因，無法舉一反三或提煉出故事、模型或理論，即使增長了一些見識，但仍然是「虛妄」、迷茫的，因為你剛搞清楚了這件事，下一件事的場景、具體表現又不一樣了。其實，某些差異很可能只是具體的表像，

內在的本質或規律並沒變。為此，一定要深入思考，抓住關鍵，洞悉本質。

在以上三個維度上，借助一些實用的方法與工具，如冰山模型、環形思考、思考的羅盤、因果循環圖等，經過長時間的刻意練習，我們可以掌握系統思考的技能，從而才能更好地應對複雜性的挑戰，也才能從復盤中學到更多。

3. 太快得出結論

按照「復盤之道」，在分析了根本原因之後，應該總結出一般性規律。事實上，復盤針對的是具體的一項任務或工作，雖然其中也包含一般性規律，我們不排除可以經由復盤提煉出一般性規律的可能性，但經由對具體事件的分析得出的結論也必然具有侷限性或偶然性。

也就是說，造成這個結果的原因不可避免地存在一定偶然性或屬特例，可能只是在當前的情況下，由這個團隊執行這項任務時發生了這樣的狀況，即便你進行了深入的分析，也只是找到了當前這種狀況下事情發生的原因與來龍去脈，並不必然可以應用到未來的情景中。因此，除非悟性很高，否則很難從一時一事的復盤中總結、提煉出一般性的規律或原理。

對策：按照詹姆斯 · 馬奇的看法，「所謂學習，就是在

觀察行動與結果之間聯繫的基礎上改變行動或行動規則」。因而，從經驗中獲取智慧的模式分爲兩種：複製成功（也被稱爲「低智學習」，儘管這種提法容易產生誤導）、提煉故事或模型（同樣有誤導性，且不準確的提法是「高智學習」）。前者是「在不追求理解因果結構的情況下複製與成功相連的行動」，後者是「努力理解因果結構並提煉出故事（自然語言）、模型（符號語言）或理論，用以指導後續的行動」。在馬奇看來，「二者沒有優劣之分，各有價值，也各有侷限性」、「實際的學習是兩種模式兼而有之」。

通過復盤可以直接找出，在當時的場景之下，哪些做法有效，哪些做法值得改進。因而，通過復盤進行知識萃取的第一種途徑就是提煉出一系列規則：在某些情境下，採取某些做法，可以取得某種預期的結果。用函數的方式表達就是：結果 $=f$（場景、目標、行動）。

若這些結果符合預期或目標（通常被定義爲「成功」），說明在行動與結果之間可能存在關聯，因而可以考慮在另外的情境中複製這些做法，取得相應的結果；或者，某些做法未取得相應的效果或目標，則說明這些做法並不奏效，爲此理應努力避免或加以改進，以防重覆犯錯。因此，在復盤時，應基於根因分析，進行審愼地反覆推敲，以提煉出適用於類似場景下的經驗或規則。爲此，可以參考下列問題：

- 復盤的結論是否排除偶發性因素？我們所經歷的事件、分析得到的原因是否具備普遍性？是否適用於大多數情況，還是純屬特例？
- 復盤結論是指向人還是事？是否具備典型意義？
- 上述做法需要依賴哪些條件？
- 復盤後得到的結論是否經過三次以上的連續追問「為什麼」？其是否涉及根本性問題，還是僅停留在具體事件／操作層面上？
- 若換一個場景，上述做法依舊適用嗎？
- 可能會出現哪些變化？
- 是否有類似事件的復盤結果可供交叉驗證？包括自己或他人過去的經歷，透過交叉對比，排除偶發性因素並找出共通性。

當然，另外一種有效的做法是召集有過類似專案或工作經歷的人，進行復盤分享和知識研討、團隊共創佳績。**5**

4. 過度抽象

除了「跳躍」或「就事論事」，個人在思考或討論「能從中學習到什麼」時，很容易過於抽象，總結出一些高度概括的原則或心得，比如「專案成功的關鍵在於準確把握客戶需求」、「這事必須是一把手工程」⋯⋯這些結論可能是對

的，卻是空洞的，相關的一些內容或「乾貨」被不經意間忽略了（可能當時隱藏在人們的頭腦中）。因此，在復盤中只做到這一步是遠遠不夠的。

一方面，如果未將經驗或教訓具體地表述出來，它們不僅不清晰，甚至可能不正確;另一方面,即便真的「知道了」,那也只是蘊藏在頭腦中的「隱性知識」,如果不能明確地萃取出來，一則不明確，二則容易被遺忘，三則很難複製或推廣到自己的後續行動中。

為了應對上述挑戰，基於實踐經驗，我認為，在復盤中進行經驗或教訓的萃取、提煉時，應堅持以下四項原則（簡稱「四有」）。

1. 適用的場景

在我看來，「知識」指的是有效行動的能力，它並非只是放之四海而皆准的一般性原則，而是要結合特定人員、特定場合（時間或空間）。在復盤時，要將上述場景識別出來，並排除偶然性，提取出場景的一般特徵，以便明確知識的適用條件。

2. 明確的目的

任何知識內容都有特定的目的、價值或用途，也就是說，

在某些場景之中進行特定操作，以便達成某些預期目的，完成特定任務，應對挑戰或解決問題。需要注意的是，有些工作的目的可能是顯而易見的，但也有很多情況是，許多操作的目的性並不清楚，甚至在不同操作之間，還存在目的不一致、不協調甚至矛盾的狀況。對此，要能夠進行系統思考，透過現象看本質，並把握關鍵。

3. 實用的內容

在界定了場景特徵、任務或目的之後，可以整理出案例、故事，詳細列出具體的行動步驟、遇到的關鍵挑戰及其應對策略，以及對應的結果。這是對過去事件的還原和初步整理，我稱之爲「金礦石」。在此基礎上，如有餘力，可以進一步分析、加工，排除偶然性，提煉出哪些是在類似場景中有效的一般性做法（「經驗」），哪些是不奏效的做法（「教訓」），並將其「乾貨」內容

具體表述出來，包括做什麼、怎麼做、檢驗或判斷標準、用到的方法或輔助工具等。這些是基於過去實踐提煉的、面向未來的、場景化的知識，我稱之爲「狗頭金」。

此外，如有可能，不妨進一步深入分析，找出針對類似事件、活動或項目的最佳實踐、處置原則或一般規律。這些知識可能不只適用於某一類場景，而是有著較廣泛的適用性，

我稱之為「千足金」。

以上是我所稱的知識的「三度金」模型。[6] 在復盤中，「金礦石」一級的知識原汁原味，便於操作，加工難度不大，雖然其提純度不高，使用起來也有一定的侷限性，但其仍然是復盤中經常採用的方式，大多數人都能做到。基於一些原則，使用我發明的「經驗萃取單」或「教訓記錄單」等範本，[7] 經過團隊研討，可以提煉出一些「狗頭金」，這也是通過復盤來萃取知識比較現實的選擇。對於絕大多數人來說，萃取、提煉出「千足金」可能是很難想像的。

4. 萬全的應變措施

大千世界是紛繁複雜的，幾乎沒有可以放之四海而皆準、一成不變的知識，凡事總有一些變化，因此，要想通過復盤萃取出指導人們有效行動的知識，除了提煉出「乾貨」內容和關鍵要素之外，還應該包括可能的常見變化及其對策。就像《荀子・解蔽》篇中所講：「夫道者，體常而盡變，一隅不足以舉之。」

也就是說，在荀子看來，事物的本質（「道」）包括兩個方面：一是一些基本不變（「常」）的一般性做法，也就是「體」；二是根據實際情況進行相應調整、靈活處置的措施，也就是「變」。真正的「道」並非只有一個方面，事實

上，二者是相輔相成、有機整合爲一體的。如果沒有理解、把握一般性做法（「體」），就談不上「變」，所謂的「變」只是打亂仗；相反，如果只是

照搬一般性做法，不知如何權衡實際狀況而有所變通，那就是「本本主義」，也不是有能力的體現。因此，只有既掌握了事物的基本規律（「體」），並且能夠根據實際情況的差異而靈活應對（「變」），才能算是掌握了「道」。

因此，通過復盤萃取、提煉出來的知識，既要包括一些「典型打法」「乾貨內容」，還要明確其關鍵要點或精髓，並列出各種常見的可能的變化及其應對措施。如有可能，還要闡明其背後的原理或相應的理論支撐，這樣就可以讓應用者更好地理解爲什麼要遵照這些一般性做法，並有效地進行「權變」。

個人成功復盤的關鍵要素

作為一種學習方法，要想堅持下去，形成習慣，必須把握關鍵，把復盤做到位。事實上，復盤的效果越好，個人對復盤就會越認可，就會更加重視和投入，從而可以取得更好的效果，這樣就形成了一個良性循環（見圖 5-2）。相反地，如果復盤做不到位，就會變成惡性循環。

那麼，如何才能把復盤做到位呢？基於實踐經驗，我認為關鍵要素包括以下五個。

圖 5-2 把復盤做到位，形成良性循環

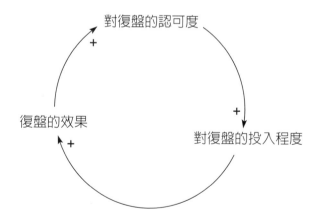

1. 坦誠面對自己

如上所述，從經驗中學習存在諸多的侷限與困難，為此，應該心存敬畏，始終保持警惕之心，坦誠地面對自己，不能低估問題的複雜性，不能高估自己的分析能力，不要過於樂觀地認為自己找到了規律。對於自己和他人得出的結論，應慎重對待，不能刻舟求劍，把一時一地的歸因當成規律，也不要過快

得出結論，只是總結出了一次偶然性的因果關係，卻誤以為發現了規律。一句話，對於復盤的結論，要有審慎、警惕的心態，多方推演，反覆求證。

同時，對於復盤得出的經驗或教訓，應在後續行動中去驗證，並根據實際結果，進行更新、反覆運算。

此外，在個人復盤的過程中，應冷靜、客觀、實事求是，並以開放的心態、批判式思維，多問幾個為什麼，多想幾種可能性，並學會換位思考。不要誇大成功，或者把失敗或不足看得不那麼嚴重，甚至找出一些外部原因或無關緊要的因素來「文過飾非」。

2.「先僵化，後優化」

如果你還沒有養成適合自己的有效反省的習慣，或者沒

有一套自洽的邏輯，不妨先參照復盤的一般步驟，按部就班地進行（甚至一開始可能需要寫出來）；等你已經對復盤的邏輯和問題非常熟悉，則可以根據自己的實際情況，有選擇地進行適當取捨。

3. 充分經歷，還原事實

要想在復盤中分析深入、有效，除了個人系統思考能力，另外一個不可或缺的前提是掌握了全面、充足、高品質的資訊。爲此，在每次經歷中都要深入地體驗，留心觀察、獲取更多資訊。在社會學、人類學、組織研究等領域，這種做法被稱爲「深刻寫描」（Thick Description）。也就是說，不只是描述人類的行爲，也要記錄並表述相應的場景。這樣，行爲才能被外人更好地理解。

4. 記錄重點並定期回顧、提醒

俗話說「好記性不如爛筆頭」，如果對復盤不做記錄，就可能因爲事務繁忙而導致遺忘或沖淡記憶，從而影響復盤的效果。但是，如果只是記錄下來，而不定期回顧、提醒自己，那復盤的效果也有限。

所以，不僅應該把復盤記錄下來，還要定期回顧、梳理，把相同或相關聯的事件聯繫起來看，發現共通的問題及深層

的規律，以便讓自己大幅成長。

5. 習慣成自然

雖然偶爾進行自我反省和復盤是有益的，但先賢教育我們「吾日三省吾身」，如果能夠持續進行自我反省並變成一種習慣，這無疑會讓我們學到得更多，成長得更快。事實上，聯想集團創始人柳傳志先生在選拔基層主管時，標準之一就是觀察這個基層主管是否具備旺盛的總結反省能力。他也坦言，自己之所以能夠取得一些成績，靠的就是「勤於復盤」。

在日常工作中，利用業餘時間，對當天或近期的工作快速地復盤，甚至不需要專門寫出來，形成習慣，逐漸成為下意識的自然動作，對於個人能力提升會有很大幫助。

★何謂復盤？為什麼要做復盤？
★如何做復盤？務必堅持的「復盤之道」又是什麼？
★個人復盤的操作手法是什麼？請選擇其中一種模式，實際操演一遍。
★在哪些情況下，值得或需要做復盤？
★個人復盤具備哪些侷限性？如何應對？
★徹底執行復盤的重要關鍵？

1. 《復盤＋：把經驗轉化為能力》（3 版）邱昭良 著；北京：機械工業出版社，2018.

2. 《復盤＋：把經驗轉化為能力》（3 版）邱昭良 著；北京：機械工業出版社，2018.

3. 《馬奇·經驗的疆域》詹姆斯 · 馬奇 著；丁丹 譯；北京：東方出版社，2017.

4. 《如何系統思考》邱昭良 著；北京：機械工業出版社，2018.

5. 具體操作手法與注意事項，請參閱《知識煉金術：知識萃取和運營的藝術與實務》邱昭良、王謀 著；機械工業出版社，2019.

6. 《知識煉金術：知識萃取和運營的藝術與實務》邱昭良、王謀 著；機械工業出版社，2019.

7. 《知識煉金術：知識萃取和運營的藝術與實務》邱昭良、王謀 著；機械工業出版社，2019.

向「高手」學習

「天豐，你知道嗎，我聽研究組織學習的邱博士說，《荀子·勸學》篇中蘊含著學習的九個規律，值得好好讀一讀！」

「是嗎？那我得好好學一學。」

這段時間以來一直都在琢磨如何提高學習效率的李天豐，從同事那裡聽到這個消息，自然喜不自勝。當天晚上，李天豐從網路上搜尋到《荀子·勸學》篇的原文和白話翻譯文字，反覆讀了兩、三遍。的確是經典文章，許多觀點都相當具有啟發性，他甚至對其中的幾點，感觸頗深……。

第一，荀子說：「故不登高山，不知天之高也；不臨深溪，不知地之厚也；不聞先王之遺言，不知學問之大也。」的確，如果自身閱歷不夠，視野自然就會受侷限。要想有廣博的視野，就要積極向他人學習，不能閉門造車或只是個人摸索。

第二，荀子說：「吾嘗終日而思矣，不如須臾之所學也。吾嘗跂而望矣，不如登高之博見也。」的確，李天豐也注意到，雖然從自身經歷中復盤學習生動、具體而深刻，但是，從復盤中學習也存在明顯的侷限與不足。有時候自己苦思冥想，在那裡琢磨老半天，卻不如高手指導一、兩下，一切豁然開朗。

第三，荀子指出，「學莫便乎近其人……學之經莫速乎好其人」，意思是說，學習的途徑沒有比找到對的人並心悅誠服地向其請教更為迅速、有效的了。這是否意味著，學習最有效率的方式就是向高手、專家們請教呢？

任誰也無法不向他人學習

不管你自己的經歷多豐富，面對人類社會和大千世界的繽紛複雜，大家都只不過是滄海一粟。因此，絕對不能只是從自身經歷中學習，必須廣泛地向他人學習才行。

對於新手來說，因為沒有什麼經驗可供參考，所以一切都單靠模仿學習，也就是學習前人總結、提煉出來的基本原則、操作要點以及最佳實踐。這樣既可快速入門，也能避免自己瞎打誤撞、盲人摸象。

就像荀子所說：「吾嘗終日而思矣，不如須臾之所學也。」對於一些問題，你自己苦思冥想卻找不到任何頭緒，但是對於高手來說，可能早就經歷過並且已經解決了。尤其對於職場新人來說，如果能找到你所在領域的業務專家或高手，並有機會向他們學習，將是最寶貴、最高效的學習途徑。

事實上，即便你是某一個領域的老手，已經見多識廣了，但是面對紛繁複雜的世界，個人經歷無論如何都是有限的。因此，通過讀書、向專家請教等方式廣泛地向他人學習，自然成為我們每個人成長過程中，不可或缺的重要途徑。

向高手學習：有優勢也有劣勢

在我看來，每種學習方式都有優勢、劣勢或不足。要想提高個人學習效率和效果，既要選擇並用好適合自己的學習方式，也要兼收並蓄、博採眾長，不能僅用其中的一種方法。

那麼，向他人學習有哪些優勢，又有哪些劣勢或不足呢？

如第四章所述，與從自身經歷中學習（復盤）相比，向他人學習（模仿訪有如下一些優勢：

- ·人們通常會採用錯誤的方式來學習，代價可能非常昂貴；而向他人學習相對簡單、快捷且成本低廉。
- ·雖從自身經歷中復盤學習更為深入，但個人經歷畢竟有限；而他人經歷無論數量還是類型，無不大幅突破我們個人的侷限。
- ·高手或專家總結、提煉的經驗，肯定更經得起推敲，有些甚至經歷時間的考驗；而個人從復盤中提煉出的經驗，可能礙於某些方面的限制，往往會有某種程度的偏差或侷限。

當然，向他人學習也有劣勢或不足。主要包括：

- 他人總結而來的經驗，多半是基於過去的狀況而來，未必適合當下。

- 他人總結的經驗往往具有一定程度的抽象性，恐存在一定的轉化難度（知易行難）。這就好比「我們即便讀了很多書，聽過很多古訓，也明白很多道理，但仍未必能夠好好過一生。」

- 既然他人總結的經驗，具備一定的抽象度或概括性，那其針對性肯定較差，無法一體適用於各種學習者在當下具體或特定的場景中，急需學習者消化、吸收後再靈活使用。

同時，在現實生活中，向他人學習有多種形式，向自己身邊的高手或專家請教、觀摩、案例學習、讀書等，均是這一方式的具體途徑。在本章中，我將給大家介紹其中一種形式，即找到你身邊或能夠接觸到的、真正的業務專家或高手，通過訪談、現場觀察或共同工作，獲取有價值的知識。

相對於其他幾種向他人學習的方式，向高手學習也有其優、劣勢（見表 6-1）。

簡言之，向高手學習的優勢包括：

- 雖然網路上流傳的資訊琳琅滿目、唾手可得，但其品質可能參差不齊或語焉不詳；而「高手」的經驗往往

更生動、具體，若能深入請教，自可確保資訊的質量、可信度與效用。

· 「高手」的經驗雖然未必像書上總結的知識那般精緻，但其往往更加貼合工作或生活的場景，且更具有針對性，可在需要時「拿來」直接使用，形式更加靈活多樣，學習轉化率更高；反觀書本內的知識需要理解、消化與吸收，之後再結合我們的實際情境進行靈活應用，過程較顯複雜。

表 6-1 相對於其他幾種學習方式─向高手學習的優、劣勢

向高手請教相對於……	優勢	劣勢
基於互聯網的學習	·更加具備針對性且生動 ·品質或可信度更高	·數量、類型有限 ·時間長、成本高
讀書	·更為及時、靈活、生動 ·學習轉化率高	·數量、種類有限 ·總結、提煉的精度較差
復盤	·更可靠 ·快速、便捷、廣大	·知易行難 ·屬於第二手資訊
培訓	·更加聚焦、有針對性 ·靈活	·無法自成一個體系 ·正式化的程度低

製表人：作者

但是，向高手學習，一樣可能存在下列幾種侷限性或劣勢：

- 數量或類型有限，甚至在很多情況下，在我們身邊或可接觸的範圍內，找不到真正的專家或高手，畢竟這還真是「可遇而不可求」。

- 即便找到專家，他們能否給予你深入、適合你的指教也未可知，可能需要花費更多時間和成本，學習效果也將受到多種因素的影響，比如專家總結、提煉的知識精緻度或品質可能參差不齊，表達或教學能力不足，專家與學習者的知識存量間的差異等。

那麼，我們如何才能有效地向高手學習呢？按照我在《知識煉金術：知識萃取和運營的藝術與實務》一書中的總結，要想有效地向高手或專家學習，需把握下列五個核心要點：

- 找到真正的專家
- 明確目標、策略
- 認真觀察、深入訪談
- 及時復盤、回饋
- 建立、維護人脈

找到真正的專家

　　在我看來，真正的專家是那些依靠自身實力獲得持續而穩定的高績效的人，他們通常在相關領域打拼了很長時間，掌握了必備的技能，弄明白了其中的關鍵要點和訣竅，對特定的流程、職能、技術、機器、材料或設備等有全面、深刻、透徹理解，對各種問題有豐富的經驗和深入的洞察，因而在多數情況下都能持續表現優異。因此，你需要花一些時間，通過人脈、口碑等多種管道收集資訊，綜合判斷，找到真正的專家。

　　事實上，如果能找到真正適合你的行家，並有機會向他學習（甚至只是在他身邊、和他一起工作，也是寶貴的學習機會），可能就會事半功倍，否則費時費力卻效果不佳。

　　那麼，到底應該怎麼找業務專家呢？在我看來，要找到真正的專家，你需要參考下列注意事項（見表 6-2）。

1. 以實力取得持續、穩定的高績效

　　真正的專家往往會表現突出，他們是那些真正掌握了訣

窮、在多數情況下都能持續表現優異的人，因而很容易成為「標竿」或「優秀人物」。

表 6-2 業務高手的特質、甄選線索

特質	甄選線索
依靠自身實力，取得持續且穩定的高績效。	·持續績效表現突出，且自身實力優異，獲得驗證及普遍認可，通常是「典範」、「標竿」或「優秀人物」。 ·領導推薦
有能力且願意分享	·內外部分享與總結文檔 ·論壇、社群活躍度
具備豐富人脈和良好口碑	·口碑 ·專家推薦 ·專業社群活躍度
擁有職稱、資質	·職稱、榮譽 ·專業資質、學歷
具備持續的學習意願與能力	·對最新知識與技術的掌握程度 ·持續學習的經歷

為此，那些真正依靠自身實力獲得持續而穩定高績效的人，可能就是我們尋找的高手。你可以通過查閱公司或部門歷年的績效考核記錄，以及領導推薦來找到相關線索。

在這裡，需要注意的重點是，他們具有以下特點：一是憑借自己的「實力」，而不是靠關係或憑運氣；二是能夠應對大多數情況，持續地取得優異績效，而不只是短期內的高

績效。

2. 具備能力且願意分享

許多專家往往只是「低頭拉車」，自己心裡有數，卻沒有意願和能力分享給他人，而真正優秀的專家既會做也能說，因為他們參透了事物的原理與訣竅。就像柳傳志所說：「真把式，既會說，又能做；假把式，只會說，不會做；傻把式，只會做，不會說。」事實上，很多高手可能已經開發了大量專業內容。

為此，你可以看看哪些人定期更新自己的博客或時常發表文章、演講，或者留意那些在公司內部網或論壇、知識庫以及專業實踐社群等地方積極參與討論、分享，有自己獨到見解的人。

當然，這只是作為輔助參考，許多專家往往因為能力突出而承擔著重要的業務工作，並沒有太多時間進行知識整理或分享。

3. 豐富的人脈 vs. 良好的口碑

因為在一個行業或領域的時間長，大多數業務專家都擁有廣泛的人脈和良好的口碑。為此，你可以通過某個領域的專家推薦或訪談，瞭解某個人的口碑，或者觀察其在專業社

群中的活躍度，來判斷某個人是否爲合格的專家。

4. 擁有職銜、資質

因爲從業時間長、績效表現與能力優異，許多業務專家不僅具有他們所在專業領域的認證證書或行業地位與口碑，往往也具有較高的職稱、資質或榮譽。雖然職稱與資質不等同於能力，但從總體上來看，它們往往是能力的代表。

5. 具備持續學習的意願、能力

在當今時代，許多行業的知識都在快速更新，尤其在一些高科技領域，更是日新月異。眞正優秀的專家要能夠始終處於領先地位，而不是僵化或保守，爲了做到這一點，他們要具有持續學習的意願與能力。對此，你可以從專家是否定期參加行業會議、培訓或研討會，以及對最新知識與技術的掌握程度來判斷其是否與時俱進。

至於業務專家的特質及甄選線索，則如（表 6-2）所示。

明確的目標與策略

　　在辨識出真正的專家之後，你需要理解的是，你和專家的知識積累之間存在著巨大的鴻溝，想一次學完專家所有的知識，這肯定是不符合現實的。為此，要想更好地向專家學習，你需要有明確的目標與實現目標的策略。

　　如第三章所描述，在制定學習目標時，需要結合自己當下的實際工作、近期的發展方向，梳理出來自己需要具備的技能，當前的能力差距就是你的學習需求。要實現這個需求，一般來說，需採取由易到難、由週邊到核心、由顯性知識到隱性知識、循序漸進的策略。所以，什麼時候要請教專家？請教什麼？如何請教？對於這些問題，都需要事先考慮清楚。

　　事實上，滿足某一需求的方式可能有很多種，如上所述，各種方式各有優劣。為此，應進行系統的評估，確定向他人學習是滿足自己需求的最佳方式。

　　之後，從你的人脈網路中搜尋，看看有無能滿足自己需求的人員。如果有，提前進行準備，明確你想得到的具體幫助。如果沒有，請想一想：

　　有誰可以幫助你？如何才能得到他們的援助？

認真觀察、深入訪談

在找到適合的人選之後，最好能找機會當面請教。對此，要掌握對業務專家訪談的相關技術與方法，瞭解有效訪談的關鍵要素。概括而言，訪談的要點包括：

- 簡單描述問題或挑戰，詢問專家是否也曾遭遇過與此類似的案例？

- 請專家提供或講述真實案例，不要一開始就直接給解方。因為這要嘛比較抽象，要嘛就是專家的建議並不適用，而你也很難從中真正學到東西，充其量是「知其然而不知其所以然。」

如果被訪者描述起來感覺毫無章法，你不妨使用「STAR-R 法則」做為框架來進行提問（見表 6-3）。

如果你感覺對方所講的案例與你遭遇的實際情況差異甚大，這時請記得及時禮貌地打斷對方，重新描述自己遭遇到的挑戰，請被訪者重新為你再描述一個案例。

表 6-3 專家訪談的「STAR-R 法則」

訪談要點	提問參考句式
情境（Situation）	什麼時間？什麼地點？面對哪些人？當時的狀況或環境是怎樣的？
任務（Task）	你所面對的挑戰是什麼？要解決的問題或完成的任務是怎樣的？
行動（Action）	當時你採取了哪些措施？具體是怎麼做的？
結果（Results）	結果如何？哪些達到了預期目標，哪些有待改進？
反省（Reflection）	對於上述案例，你有哪些收穫？對於未來行動，你有何建議？

製表人：作者

· 若他提供的案例符合你的情況，則可使用下列問題深入瞭解專家的做法：

「您實際上是怎麼做的？大致是……」

「您為什麼這麼做？」

「哪些是你認為需要特別注意的關鍵點？」

「常見的變化是什麼？應該應對？」

「若讓您重來一次，您覺得哪些地方可以改進，或有無更創新的做法？」

· 及時提出疑問，爭取能在腦海中清晰勾勒出大致的行動路線。

· 向他講述自己的思路，請求對方給予建議。

・總結並取得對方確認，待詢問後續行動後，正式致謝。

向他人請教，首要條件就是要有開放的心態，保持恭敬而謙遜的態度。就像荀子所云：「故禮恭，而後可與言道之方；辭順，而後可與言道之理；色從而後可與言道之致。」（以上出自《荀子 · 勸學》）意思就是說，等來請教的人禮貌恭敬了，才可以和他談論道義的學習方法；等他言辭和順了，才可以和他談論道義的內容；等其面露謙遜順從之色了，才可以和他談論道義的精髓。

因此，要想得到他人的指教，需要「禮恭」、「色從」、「辭順」。

當然，為了更充分地學習，如果條件允許，最好能到專家的工作現場進行觀察、體驗。這不僅有利於收集第一手資訊，而且可以增強對專家工作環境、工作內容的感性認識，以更好地理解專家為什麼這麼說、這麼做。**1**

及時復盤、回饋；持續建立、維護人脈

　　建立和維護人脈，其實很忌諱「臨時抱佛腳」。在請教他人之後，應及時行動，並在行動之後儘快地進行復盤，通過回顧、比較、分析、反省，找出差異的根本原因，以及你從中學習到的經驗與教訓。

　　之後，要回饋給當時請教的人。這樣不僅形成了一個良性循環，而且又加強了雙方的聯繫，增進關係。若你以後再遇到困難，別人也會更加樂意幫助你。

　　而在建立和維護人脈上，隨時保持向他人學習，務必做好提前儲備資源的心理準備。因為向他人學習相對於互聯網和圖書存在著數量與種類有限的不足，當個人遇到困難需要求助時，如果沒有提前的儲備，很可能找不到可用的資源。為此，應該在日常工作中用心建立、維護人脈，並明確他們的長處、經驗，以備不時之需。在此可以參考（表 6-4），盤點一下你自己的人脈。同時，應該基於自己的學習需求，有計劃地拓展自己的人脈網路。

　　此外，儘管相對於請教的對象，你自身無論是能力還是

資源等方面都處於劣勢，但是，你仍應該想方設法為他們創造價值，並且常懷感恩之心，保持良好持續的關係。

表 6-4 人脈清單（範本）

姓名	單位	主要經驗／專長領域	聯繫方式	近期聯絡事項及其他備註

製表人：作者

★為何要向高手學習？與復盤及其他幾種向高手學習的方式比較，其優、劣勢何在？

★從學習需求出發，看看有哪些需求可透過向高手請益獲得滿足？

★為了滿足學習需求，你能向哪些高手討教？而你選擇高手的標準何在？

★基於學習需求去選擇一位高手，明確學習目標，然後對照本章所述要點，進行訪談。如有可能，請進行現場觀察。

★在向專家請益之後，要對整個過程進行復盤，確定成功的關鍵點為何？

★參考人脈清單範本，盤點自己身邊的高手資源。

---

1. 參閱《知識煉金術：知識萃取和運營的藝術與實務》邱昭良、王謀 著；北京．機械工業出版社，2019.

活用「培訓」

「天豐，週末公司要召開一次有關業務的培訓講座，聽說是請到一位曾在咱們這個行業的龍頭企業任職高階主管的前輩來演講，你要去參加嗎？」聽到好朋友阿飛告訴自己的這個消息，李天豐心頭一喜！

來公司這麼久了，好不容易有一次適合自己目前職務的培訓機會，而且主講人還是這個行業的「大咖」，雖說他所在的那家公司近年來有些江河日下的架勢，可是人家在裡面好歹擔任過高階主管，演講內容應該還是有些「乾貨」才是吧，對於只是靠自己摸索以及和身邊兄弟交流這些方式來學習的李天豐來說，這還真是一次難得的學習機會啊！

可是這個週末，自己已經答應要陪女友去郊遊，還順便約了一位超級大咖的客戶應酬……怎麼辦呢？想到這裡，天豐嘆了一口氣，朝著阿飛回了一句：「是啊，機會應該不錯，但我這個週末已經有安排了，真是可惜！」

「你不再考慮考慮嗎？機會真的很難得啊！」阿飛還不死心，接著再補一句。

「是啊，要不要再考慮一下？女友那邊應該不難說服；反倒是客戶那邊，得再想想其他辦法……。」李天豐在心裡盤算著，還是有些猶豫不決……。

在職進修 — 不容忽視的黃金學習機會

　　近年來，隨著環境日益複雜多變，越來越多的企業開始重視培訓及員工職涯發展，希望透過在職進修，提升員工和企業的競爭力，得以更快速、更好地適應大環境的變化與挑戰。因此，對於上班族而言，如果你所在的企業已具備一定規模，且高層領導層十分重視人才的培養，那你可能會有一種獨特的學習機會—培訓，其表現形式可能是企業內部面授培訓、外部的專業講座，以及較為正式的線上學習產品或專案等。

　　尤其是在一些優秀的企業中，公司已經搭建起了覆蓋各個職位與層級的培訓體系。無論你是從事哪種工作（如產品研發、市場行銷、還是管理工作），都可以找到適合自己的培訓課程。

　　從我的經驗看，如果你有參加培訓的機會，一定要把握住並且利用好這一難得的學習機會。雖然從培訓中學習未必一定有好的效果，但我相信，它具有獨特的價值。即便是你所處的企業沒有多少培訓機會，一些好學的朋友也會利用業

餘時間，自費參加線上或實體的外部培訓，甚至取得更有用處的專業認證。

那麼，我們應該如何看待並利用好培訓這種學習形式呢？

持續進修的優點與劣勢

相對於讀書、社會化學習等自學方式，面授培訓或線上課程是經過設計的、有過程管理的正式學習方式，雖然現場交互的時間有限（往往是半天到兩三天），但是學習內容大多數比較經典，學習過程經過設計，通常也是由「專家」進行講授或引導，可以讓參與者對某一個主題的內容有較為體系化的瞭解，並可以與他人探討、現場演練、及時得到回饋，從而幫助個人更為高效地學習。

所以在我看來，儘管對於某些職場人士來說，可能會因為日常工作繁忙而不願意參加培訓，但是站在培訓的屬性上看，如果這些培訓符合你的需求，它們將是非常寶貴的學習機會，就像俗話所說「磨刀不誤砍柴工」。如果我們可以把握住培訓的機會，充分用好培訓，就可以事半功倍。

而培訓這種學習方式，既有其優勢，自然也會有劣勢或不足之處（見表 7-1）。

表 7-1 培訓的優勢 VS. 劣勢

	正式學習	非正式學習
優勢	・學習的目標、內容與過程經過設計，體系化程度高。 ・對學習過程有管理，一般有人引領。 ・知識大多數比較經典、經過了檢驗，主講人專業化程度高，可以快速入門。	・隨時隨地、按需求學習
劣勢	・需要拿出專門的時間進行集中學習，但互動時間有限。 ・學習內容有時缺乏針對性 ・需要學習轉化 ・在某些情況下，成本較高。	・需要學習者有較強的自律性 ・學習內容與過程缺乏設計與管理，因而學習者的學習效果參差不齊。 ・品質不好控制

製表人：作者

概括而言，培訓的優勢在於：

・相對於自學，培訓是經過設計的、有高人引導的正式學習，通常有明確目標，有相對自成體系的內容及傳授過程，組織系統程度較高。

・除了一些非同步線上學習課程以外，大多數培訓均有專人來引領學習過程，而且講師或引導者通常有一定的專業積累，因而學習品質較高。

・由於培訓具有經過教學設計的正式學習屬性，其中涉及的知識大多比較經典、經過了檢驗，而且，主講人

通常專業化程度較高，可讓學習者快速入門，瞭解基本的、自成體系的知識。當然我們不能由此得出結論，認定所有培訓的質量都很高。就像本章所述，影響培訓學習效果的因素很多，想要利用培訓達到良好的學習效果，並不容易。

但是，基於我多年對企業培訓的觀察和爲多家企業大學服務的經驗，我發現，從培訓中學習也有其劣勢或不足之處，主要包括：

- 大多數培訓都需要另外騰出時間進行集中學習，但互動時間有限。。

- 學習內容有時缺乏針對性。由於培訓的目標與內容一般是預先設計好的，除了極少量課程是完全客製化的之外，大多數傳授的是通用或適用於某一類狀況的內容，參加某一次培訓的學員往往多達數十人甚至上百人，因而其內容往往缺乏針對性，很難顧及每個人的個性化需求。

- 學習內容缺乏針對性，學習者要應用學習成果，必需透過一個學習轉化的過程。

- 在某些情況下，成本較高。

綜上所述，設計精良、由合格人員引領或交付的培訓確實是個人難得的學習機會，不容錯過。但在許多人看來，參

加培訓似乎太過簡單了：收到培訓通知，安排好時間，準時前往參加培訓，最多提前看看資料，預做準備，或者在課後再完成一點點「作業」。

如果是這樣的話，我認為你將難以有效地從培訓中學習，也無法發揮培訓的真正價值。事實上，這也造成了令眾多培訓部門陷入一個尷尬的窘境：員工培訓與學習的效果差，轉化率低。據霍爾頓（Holton III）和鮑德溫（Baldwin）估計，大約只有一成的學習結果會轉移到工作績效中。在許多企業，培訓甚至被戲稱為「保健品」，看著似乎很需要，但實際上卻起不到什麼功效，甚至有些老闆會認為這根本就是一項沒有什麼回報的投資。

那麼，為什麼會出現上述狀況？

我們應該如何有效地從培訓中學習，提高培訓的學習效果？

從培訓中學習，自成系統

在我看來，培訓是一個系統。所謂系統，是由一群相互連接的實體構成的一個整體。因此，要研究培訓效果受哪些因素的影響，需要考慮到構成這個系統的實體及其相互之間的關聯關係。

一般來說，構成培訓這一系統的實體包括講師、學習者、學習者的領導（通常是業務或職能部門的領導）、教學設計與運營人者（或培訓管理者）。同時，在一定時間內，上述四類實體之間按照一個協同過程，存在著多方面的相互影響。大致而言，整個過程可分為需求調查、教學設計、課程開發、培訓實施與交付、培訓後跟進等環節，共有十個因素會影響培訓的學習效果。

1. 學習者

首先，學習者是學習的主體。從學習者的角度看，有四個影響培訓效果的因素：

・學習能力

．學習熱情

．學習需求

．學習目標

也就是說，好的培訓必須能夠滿足學習者真正的需求，有助於他們達成在工作、生活或發展方面的目標，這樣就可以激發起學習者內在的學習動力與熱情。同時，學習者的學習能力也會影響到學習效果，而他們的積極性也會受到領導行為，以及公司或團隊文化等方面的影響。

2. 教學設計與運營者（或培訓管理者）

教學設計與運營者是培訓系統運作的樞紐，他們透過系統地設計一系列有目的的活動（被稱為「教學項目」），來幫助學習者更好地學習，包括學習需求調研、設定培訓目標、設計學習活動、教學活動組織與運營、培訓後跟進與評估等。所以，從教學設計與運營者的角度看，有兩個因素會影響培訓的學習效果，分別是：

．教學設計 VS. 運營能力

．教學設計 VS. 運營品質

簡單來說，如果培訓管理者具備較高的教學設計、運營能力、工作熱情，再加上學習者的學習需求明確、目標清晰、學習熱情高漲，整個培訓專案的教學設計與運營品質就會更

高，培訓效果就會更好。

3. 講師

　　講師做為教學項目交付中最關鍵的一部分，原因在於他會為學習者完成預定的學習過程，提供必要的引導、輔助，有時也會參與教學專案的設計。一般來說，他們需要是培訓主題或內容方面的專家，不僅具備相關的知識，也要有豐富的實戰經驗。同時，好的講師需要精通成人學習的規律，具備良好的講授與引導能力，能夠把自己對培訓主題的內容、見解透過適當的方式「傳授」給學習者，讓他們領悟、掌握相關的知識或技能，並且給予適度的指導，適時回答他們的疑惑。

　　從講師的角度看，有兩個因素會影響到培訓學習效果：

・講師和學習者在「需求」的匹配度

・傳授知識 VS. 引導技巧

　　簡言之，如果講師的能力與經驗和學習者的需求越匹配，而且具備較高的傳授知識與引導技巧，學習者學習效果就越好。當然，在授課現場，講師和學習者之間也存在緊密的連接。如果學習者熱情高漲，積極提問並參與互動，就可以激發講師的熱情，從而提高學習效果。對此，我們將其納入「學習者的熱情」因素中，目前則不在此列。

4. 業務領導力

在培訓系統中，部門主管不但需要擔負以身作則、爲學習者提供指導、督促學以致用的作用，也有責任營造並維持一種能讓員工積極學習並將所學應用到工作中的環境，包括在時間上、許可權力、資源等方面提供支援。

曾有研究表明，領導的跟進與督促對於培訓後的「落地」、行動轉化有積極的促進作用。同樣，在組織中，各部門主管（尤其是經理人）的行爲通常會對企業文化產生極大影響。加上他們掌握著調度與配置資源的權力，因而對組織成員的學習及其轉化具有顯著影響。同時，主管們的心智模式等也會制約其自身的學習，並對組織文化、價值觀有著重要的影響。

所以，從部門主管的角度來看，影響培訓學習效果的因素，包括以下兩個。

（1）**資源支援**：具體實現各部門主管對於人才招募、選拔、任用、發展的重視及其實際效果。它既包括提供類似培訓預算之類的資金支持，也體現在招募、培養教學設計與運營人才，參與並支持培訓的策劃與實施。

（2）**對培訓的支援力道**：就像老子所說的「行勝於言」，「以身作則」是影響他人的基本途徑，爲此，主管們要以身

作則，積極參與培訓，並以實際行動體現對培訓的支持，包括培訓之後的工作改進與優化。

在上述因素當中，組織的人才管理能力會影響管理者提供的資源，在一家真正重視人才的企業中，各級管理者都會在人才招募、任用、培養方面投入更多的精力，給予充分的重視。同時，在一家重視人才發展的企業中，也會有較高水準的教學設計與運營人才隊伍，並且企業會給他們提供更多的資源以及激勵，使其發揮更大的價值。

總之，上述四類主體之間存在很多複雜且微妙的相互連接，會對學習效果及其轉化產生影響。概要來說，有八個相互增強的反饋循環（見圖 7-1）。**1**

（1）**學而時習之，不亦說乎**。如果學習者的學習熱情高，學習效果就會更好，而這又會讓他們體會到學習的樂趣，進一步激發他們的學習熱情（見圖 7-1 中，R1）。

（2）**自我超越，引領成長**。如果學習者有清晰的願景，就會有明確的學習目標，從而產生較大的「創造性張力」（參見第三章），讓他們產生改變現狀以實現願景的學習需求。這有助於激發學習者的學習熱情，從而提升學習效果。

與此同時，隨著能力的提升，學習者可以更有效地改變自身的現狀，這會進一步提升個人的信心，使得個人目標進一步提升（見圖 7-1 中，R2）。

圖 7-1 影響培訓學習效果的因素

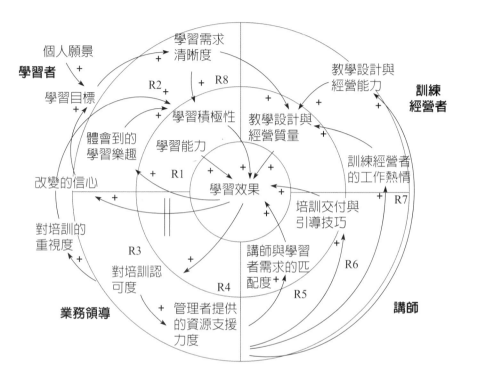

（3）主管以身作則，「上行下效」。學習效果越好，也就會讓領導越認同培訓的價值，從而加大支持力度，這將進一步提高學習者的學習熱情，提升學習效果（見圖 7-1 中，R3）。

（4）資源支援。如果學習效果好，管理者就會認可培訓的價值，就會願意提供更多的資源支援，無論是外聘高品質

的講師，還是從內部甄選、培養優秀的業務或管理專家作為內訓師，都可以提高講師和學習者的匹配度，往往也會有更高的傳授內容與引導能力，從而提高學習者的學習效果（見圖 7-1 中，R4、R5）。

（5）**教學設計 VS. 經營助力**。如上所述，如果學習效果好，領導者認可度高，就會給培訓管理者提供更多更好的資源與支援，這有助於提高培訓管理者的工作熱情，提升教學設計與運營品質，進一步提升學習效果（見圖 7-1 中，R6）。相應地，如果領導認同度高，他們也就會重視人才發展、提升培訓管理者的素質與能力，從而有助於培訓管理者的教學設計與運營能力的提升，使學習專案設計與運營品質更高，學習效果更佳，這也是一個良性循環（見圖 7-1 中，R7）。

此外，如果學習者有明確而清晰的學習需求與目標，培訓管理者就容易抓住痛點或「剛需」，精心設計並運營好培訓項目，就會實現良好的學習效果。如上所述，這會提高個人改變的信心，從而引發自我超越，促進學習需求與目標的明確，形成一個良性循環（見圖 7-1 中，R8）。

需要強調的是，上述五個方面、八個自我增強的反饋循環，對於企業來說並不總是「好消息」。事實上，如果某些方面的因素不到位，讓學習效果不好，上述循環就會形成「惡

性循環」，讓企業培訓深陷泥潭之中。更常見的情況是，上述變數之間存在很多複雜的相互關聯、此消彼長，使培訓效果產生各種預想不到的變化動態。因此，上述五個方面正是企業提升培訓效果的「抓手」。

要想讓培訓取得預期效果，需要從教學設計與運營者（培訓需求挖掘、分析與設計、跟進）、學習者、培訓師、管理者等多個角度努力，綜合採取措施，並協調配合。只有各個方面相互配合，上述十項要素相互協調，各個環節落實到位，培訓的學習效果才能得到保證。任何一個環節缺失或不到位，都可能影響到學習效果。這是一項系統工程，並不容易實現。

那麼，做為個人應該如何利用培訓機會，從培訓中有效地學習呢？

如何透過培訓取得高效學習

作為個人，要想充分把握培訓這樣難得的學習機會，有效地從培訓中學習，需要從培訓前、培訓中、培訓後這三個階段入手，把握以下六個關鍵要素。

1. 培訓前

雖然培訓是職場人士難得的學習機會，但並非每次培訓都適合你，代表你都得要參加。因為形式服務於目的，符合需求的培訓才是我們需要參加的。為此，要有效地從培訓中學習，第一步就是選擇適合自己目前的培訓。接下來，你需要認真做好培訓前的準備。

（1）精心選擇。在當今時代，我們其實有各種各樣的管道，可以接觸到數不勝數的學習機會。培訓也是如此。比如，我們可以按照「資源是面向內部還是外部」、「學習週期的長短」這兩個方向去條列出很多種培訓形式（見表 7-2）。

例如，正式學歷教育與持續進修（如高等教育自學考試、在職專班）、EMBA ／ EDP 專案、資質認證培訓，如美國專案管理協會（PMI）的專案管理專業 PMP 認證、國際人才發

展協會（ATD）的人才發展專業人士CPTD認證等，都是朝向整個社會在招生的，一般時間較長，持續數年或數月：某家企業組織的專題面授培訓，如提升業務技能、復盤、培養系統思考能力等，則僅面向組織內部，一般來說持續時間較短（少則一～三天的集中學習，多則數周的混合式學習）。當然，組織內外部還有大量其他專題培訓，以及海量的線上學習課程、知識產品或服務等，也屬於正式學習範疇。

那麼，我們如何知道哪些培訓或者某次培訓是不是適合自己呢？

首先，這取決於你的學習需求和策略。如果你有明確的學習需求（參見第三章），再根據（第四章）中所述的選擇學習方法的「邏輯樹」（見圖4-3），你就可以知道自己應該參加哪些培訓。

表 7-2 各種可能的培訓形式

	短期	長期
組織內部	·主題分享或結構化研討 ·面授培訓 ·線上學習課程	·專項培養專案（如後備幹部、高潛力人才培養等）
組織外部	·面授培訓 ·線上學習課程／知識產品	·正式學歷教育與繼續教育 ·正 EMBA ／ EDP 項目 ·正資質認證培訓 ·正主題知識產品或服務

製表人：作者

之後，你要嘛「主動出擊」，在組織內外部選擇適合自己的培訓，要嘛「守株待兔」，留意身邊何時出現適合你的培訓機會。

其次，在知道了某次培訓機會之後，要快速地評估，看看它是不是適合你。具體來說，至少要考慮如下兩個方面的因素：

- 看看培訓內容是否適合自己？包括當前工作、能力方面的需求，以及未來發展的需要。
- 看看培訓老師擅長哪些方面？曾有過哪些經驗？他是否能夠幫到自己？

需要提醒的是，在評估時，不要想當然地根據主題一掃而過，而是要詳細地參閱培訓的學習目標、內容提綱以及講師簡介等資料，客觀、審慎地做出判斷。

（2）**認真準備**。在確定了參加培訓之後，要認真進行準備，明確學習目標，做好計畫，包括但不限於：

- 提前搜索一下相關的學習內容，進行預習。
- 梳理自己在哪些地方可以用到培訓內容，明確自己的學習目標，越明確、越具體越好。
- 安排好手頭的工作，確保可以準時參加培訓，並且在培訓過程中，全心投入，不受干擾。
- 做好學習及應用、實踐計畫。如果是資訊類培訓，要

明確複習的節奏；如果是應用、技能類培訓，既要定期複習，又要考慮到後續的應用及復盤等環節。

2. 培訓中

培訓屬於正式學習，具備一次或數次或長或短的學習過程。這是實現知識轉移不可或缺的環節，對於學習效果也有著顯著影響。因而，在培訓中，應注意以下兩點。

（1）**全心投入**。從本質上看，參加一次培訓活動，是個人從講師和同學身上獲取新資訊、對其進行理解、消化吸收的過程。雖然有些在線學習課程可以按照自己的節奏多次觀看，但對於大多數培訓來說，學員與講師或引導者之間、學員之間面對面接觸的時間是有限的，難以重覆出現，也因而是彌足珍貴的。所以，參加培訓時，應全程參與，認真聽講、積極思考，把老師講的內容全部聽進去，理解到位。

如果是概念、原理、資訊類培訓，應進行自測，確保理解到位，並能夠在新的情境下靈活使用。如果是操作、技能類培訓，則不應停留於理解的層面，還要學會操作。在培訓現場，老師一般會進行技術動作的講解、示範，有時也會給學員練習的時間，此時，不僅應認真聆聽，觀察示範，理解操作要領，而且要按照老師的要求，積極動手，澄清練習過程中的疑問，並及時回饋練習結果，確保會操作。

如果是情感、體驗類培訓，應在理解精髓的情況下，明確相應的行為規範和應用要領，能在老師指導下做出正確的價值判斷。在這方面，可以考慮使用比喻、講故事等方式，確保引發的態度或情緒反應一致。在學習過程中，如果有問題，應及時提問，不留疙瘩或死角。否則，事後你要應用時，可能就會受到不利影響。

至關重要的一點是，要有開放的心態。既要積極調動自己過往積累下來的經驗、規則，又要不受既有心智模式的限制；既要兼收並蓄，又要有自己可以自洽的信念導航或知識體系，就像荀子所講，保持「虛壹而靜」的狀態。

此外，對於一些有其他參與者（同學）的學習活動，不僅要聽老師講，也要積極與他人互動，廣博地汲取多方面的信息。在有些情況下，同學是各有所長的，彼此之間的研討、分享也能起到令人豁然開朗的效果。

（2）**定期複習**。除了非同步線上學習可以隨時隨地觀看或複習之外，大部分培訓（尤其是面授培訓）都是不可重複出現的，也就是說，培訓結束之後，老師和學員甚至並不再面對面地討論相關話題。因此，學習者應在課後及時複習，以便在使用時能夠記得起學習內容的要點。

按照人類學習的基本規律，在培訓現場使用的多是感官記憶和工作記憶，而其能否轉化為長期記憶，主要取決於學

習者能否將培訓中所獲得的新資訊與學習者已有的資訊連接起來，並且透過間隔重複（Spaced Repetition），強化這些連接，提高提取力。

3. 培訓後

作為一種學習方式，僅僅參加培訓是不夠的，要想讓學習真正發生，必須改變自己的行為，並且透過練習、復盤，將其內化為自己的能力。為此，在培訓後，要做到以下兩點。

（1）**應用練習**。正所謂「知易行難」。即便在培訓時理解了，透過示範、練習也會操作了，事後也複習了，如果不學以致用，仍然只是「知」，那麼到了真正使用時，可能會遇到各種各樣預想不到的問題。為此，學習者最好能趁著記憶猶新、熱情和動力猶高時，儘快找機會真正應用，跨越「由知到行」的鴻溝。

同時，就像俗話所說的「熟能生巧」，要想形成能力，必須多加練習。事實上，對於專家而言，他們必須掌握一些核心技能，如果只是會了卻不能熟練使用，是遠遠不夠的。即便是資訊和態度類培訓，除了做到定期重複、形成記憶之外，也要在工作中加以應用，或展現出適當的行為。在這個過程中，企業大學或培訓部門應當提供相應的支持，包括培訓後跟進、督促、提供方法和工具的支援、組建學習者的交

流社群、與學習者的上級配合、提供相應的條件與資源等。

（2）**勤加復盤**。每一次練習之後，都要進行復盤，將實際使用過程及結果與自己的預期對比，並進行分析、反思，找出它們之間差異的主因或成功的關鍵要素，逐漸理解精髓、把握關鍵，並能夠根據實際情況，對原來學到的內容進行拓展。

表 7-3 如何妥善運用培訓

	好的培訓	不好的培訓
教學設計	・人群定位明確，與個人工作或發展緊密相關。 ・內容經典且嚴謹，教學過程經過精心設計，符合成人學習特點。	・許多培訓未經過有效設計，內容與過程殘破不堪，未能符合學習者需求。 ・多數的培訓內容，與工作內容間欠缺關聯性。・缺乏針對性
交付	・講師具備專業性和知識，與學習者間有較高的匹配度。 ・學習者能夠意識到培訓的價值，積極投入。	・講師資質與經驗不夠，或者與學習者需求不匹配。 ・學習者不珍惜培訓機會，上課不專心、不主動經營。
經營	・事先確認需求，認真準備，激發學習者的熱情。 ・事後跟進，提供績效支援，促進行動落地。	・未做好培訓前的需求調查、學習熱情無法被激發，甚至從未預習。 ・未做好後續跟進，即便學到一些東西，回去以後也沒有行動。

製表人：作者

綜上所述，對於每一次培訓，如果你都能堅持走完這六個步驟，那麼你就可以充分把握每一次難得的學習機會，讓培訓為我所用，助我成長。反過來講，一次培訓要想稱為好的培訓，需要在教學設計、交付與運營三個階段做到位，控制好各方面的影響因素（見表7-3）。因此，要想有效地從培訓中學習，提高培訓的效果，實屬不易。

★從培訓中學習的優、劣勢或不足之處何在？只有明確一種方法的好壞，才能揚長避短。

★從培訓中學習的關鍵因素有哪些？

★如何讓自己從培訓中學習新知？又該注意哪些關鍵點？

★對照自己的目標，分析可透過培訓實現哪些職務上的需求？

★若近期有機會參加培訓，請按照書中所講的要點認真準備。

---

1. 本圖截自「思考的羅盤」，欲瞭解此種方法的說明及操作指南，請參閱《如何系統思考》（2版），邱昭良 著；北京，機械工業出版社，2021.

從「閱讀」中學習

這一段時間，李天豐心裡其實很鬱悶。

上個月，他排除萬難，參加公司安排的業務培訓講座，感覺大有助益，不僅幫助他有系統地梳理了業務工作的流程、關鍵點、常用的方法以外，還提供了一些練習、案例。講師也很專業，針對他在工作上的一些疑問，也都給予了相當實用的解答。

事後，他慶幸自己當初做出了正確的選擇。

培訓過後，他開始在工作上有意識地應用了老師在課堂上講授的一些方法，對自己的業務推展的確很有幫助。同時，他還下單購買了老師在課堂上曾提到和推薦的幾本書，打算找時間好好地拜讀一番。

可是，讀書實在太枯燥了！加上工作忙碌，只能在晚上抽空看，再者，忙碌了一整天之後，整個人早已精疲力竭，一打開書，眼皮就變重了起來……，根本看不了幾頁就開始打瞌睡。

這都過了好多天，他當初買回來的那幾本書都堆在桌上，只有其中一本翻了十幾頁，其他的甚至連收縮膜都還沒拆！

唉，這可怎麼辦才好呢？

閱讀 — 最基本的學習方式之一

　　莎士比亞曾說過：「書籍是全世界的營養品。」

　　中國人也有「書中自有黃金屋」的說法。

　　毫無疑問，讀書是我們最基本、最主要的學習方式之一。不管你個人多麼擅長從自身經歷中學習，面對紛繁複雜的世界，那必定也是有限的。因此，通過讀書等方式廣泛地向他人學習，就成了我們每個人成長不可或缺的重要途徑。就像荀子所說：「不登高山，不知天之高也；不臨深溪，不知地之厚也；不聞先王之遺言，不知學問之大也。」（以上出自《荀子‧勸學》）。

　　即使處在當今資訊爆炸的時代，讀書對於武裝我們的頭腦、滋養我們的心靈，也是非常重要的。正如詹姆斯‧馬奇所說：「個人和組織習得的知識，大部分不是從自己的工作經驗中獲得的，而是源自專家提煉、經過實踐驗證和廣為傳播的『學術知識』。」[1]

　　就像我一再強調的，任何一種學習方式都有其優勢也有劣勢或不足之處，讀書也是如此（見表 8-1）。

表 8-1 閱讀相對於其他學習方式的優、劣勢

閱讀相對於……	優勢	劣勢
復盤	・快捷、廣博 ・總結、提煉的内容品質可能更高	・「紙上得來終覺淺」 ・有一定的抽象度，需學習轉化。 ・情境差異
向高手學習	・更容易獲得 ・有時更為經典或系統	・比較枯燥，不夠生動。 ・缺乏針對性
培訓	・成本較低 ・時間上更為靈活	・比較枯燥，學習形式單一。 ・無法演練，不便於技能傳授。 ・如果有問題，無法及時請教。
基於互聯網的學習	・品質或可信度更高 ・干擾較少	・數量、類型有限 ・及時性稍差

製表人：作者

概括而論，閱讀的優勢包括：

・相較於復盤，讀書涉及層面更廣，不侷限在數量和類型上，也可排除場景的偶然性；同時，由於圖書的出版需經作者反覆錘煉、出版機構審核，因而其總結、提煉的内容應比自己復盤得來的經驗或教訓，品質更高。

・相對於向高手學習，圖書更容易獲得，畢竟高手未必時時在身邊；同時，圖書的内容可能比高手的指導品

質更高，且更有系統。

· 相對於培訓，讀書成本更低，時間運用也更靈活。

· 相對於基於互聯網的學習，大多數的圖書都已經過層層「把關」，內容的可靠性更強，而且閱讀紙本書通常較無干擾。

儘管如此，讀書也有劣勢或不足之處，其中雖包括但不限於：

· 相對於復盤的生動、具體、有針對性與「知行合一」，讀書就是名副其實的「紙上得來終覺淺」，不僅內容有一定的抽象度，也存在情境差異，需要學習者自行理解、消化吸收，再結合實際場景靈活應用。

· 相對於向高手學習，讀書比較枯燥、形式單一、不夠生動，且缺乏針對性。

· 相對於培訓，讀書較枯燥、學習形式單一，而且因為無法演練，不便於技能傳授；如果有問題，常常無法及時請教。

· 相對於互聯網的學習，讀書的數量、類型有限，加上無法即時更新，及時性稍差。

在瞭解了讀書這種學習形式的優、劣勢之後，我們應該如何從閱讀當中學習新事物呢？

你眞的會讀書嗎？

　　說實話，閱讀看似簡單，然而其實並非如此。我和一些朋友交流時便發現，關於閱讀這件事，大家普遍存在著以下幾種困難或挑戰：

- 讀書「量」變少：許多人一年下來讀不了幾本書。根據相關部門調查，2020 年，中國成年人平均閱讀的紙本書是 4.7 本，即便加上電子書的 3.29 本，也只有 7.99 本！**2**

- 讀不下去：有人即便買了一堆書，卻也是心有餘力不足，斷斷續續地看，就算耗上幾個月也看不完一本書。

- 不知為何而讀：許多人在閱讀時並沒有明確的目的，只是感覺自己需要讀書。但如果沒有訂下目標，這本書對你幫助或許也只能碰運氣。

- 不知道自己在讀什麼：許多人不知道該讀什麼，只是觀察現在熱門的暢銷書是什麼，自己就看什麼，或者看到、聽到其他人在讀什麼、推薦什麼，自己就悶頭也看什麼，根本不成體系，東看一點西讀一些，毫無

章法。

· 不知道怎麼讀：在大多數人看來，讀書似乎就是拿起書來逐字逐句地讀，其實並非如此，不同的書應該有不同的讀法。

· 讀書後沒收穫、沒行動、沒變化：即便讀完了一本書，也似乎沒有什麼收穫，過一段時間就忘了內容，更談不上有什麼後續的行動或變化。

· 電子閱讀：身邊絕大多數朋友都通過手機或網路來閱讀或獲取資訊，電子閱讀的比例越來越高。據調查，手機和互聯網成為我國成年人每天接觸媒介的主體，數字化閱讀方式（網路線上閱讀、手機閱讀、電子閱讀器閱讀、pad 閱讀等）的比率逐年上升，2020 年達到了 79.4%。但也有許多朋友反映，電子閱讀容易受干擾，很難保持專注力或深入思考。

那麼，我們應該如何有效閱讀？
如何才能從書中獲得更大的收穫？

五步讀書法

　　做為一種常用的學習方式，有效閱讀已是一個老生常談的話題。基於我個人的體會，在此整理出了一個「五步讀書法」供大家參考，這個方法包括以下五個步驟。

1. 目標明確

　　雖然我們經常聽說「開券有益」，但因為每個人的時間與精力是非常寶貴的，面對浩如煙海的書籍，如果你沒有目標，今天看到一本書，就讀這本書，明天聽到別人推薦某本書，就去讀那本書，最後很可能是既浪費了時間，也沒有什麼效果。

　　在我看來，唯有設定明確目標，我們才能不迷失方向，事半功倍。為此，讀書必須有明確的目標，這樣一來我們就可以主動選擇對自己有益的書籍，保持專注力、聚焦內容，藉以提高學習效果。

　　在制訂目標時，需要重點考慮以下三方面的問題。

　　第一，你當下的學習需求和重點是什麼？根據第三章所

述，綜合評估、確定自己的學習需求，你至少應考慮如下三個方面：

- 當前需求：你目前的主要任務，要解決的最大難題是什麼？哪些是重要且緊急，必須優先考慮的？
- 未來發展：讀書不只是為了解決當下的難題，更該考慮的是未來想往哪個方向發展？讓讀書成為支持自己成長的階梯。
- 個人興趣：了解「興趣」是最好的老師，人一旦對某件新事物產生興趣，心裡便會有企圖心，可以為此廢寢忘食。因此，充分考慮個人興趣正是確定目標的主因。

基於這三方面的需求，可以定義出你需要關注的知識內容或主題，設定目標，明確自己到底想要什麼？

第二，根據第四章所描述的方法，看看哪些需求可以通過讀書來實現？並將這些需求一一列出來。

第三，對於每一項需求，進一步明確：通過讀書，想實現的具體目標是什麼？

2. 選對好書

目標明確之後，就要評估自己的現狀，基於當前的知識基礎，選擇要讀的書並制訂相對應的計畫。而對於選書，我覺得有以下四種方法可供參考。

（**1**）**請教高手**。初學者在選書時往往不知從何處下手。因此，找到並請教專家，或是聽聽在該領域已有研究成果或建樹的高手推薦，聽聽他們的建議，可能會事半功倍。

（**2**）**認真分析**。從我們的需求入手，看看自己已經掌握了哪些知識？還需要學習什麼技能？據此確定有系統的閱讀計畫：圍繞某個知識領域，進行「主題閱讀」，有次序地讀完一整個系列的相關書籍，而非空泛地或毫無章法地亂讀一通，尤其不要一味地追逐潮流、熱門話題。

在進行主題閱讀時，建議先從經典入手，之後再逐步擴展，深入到相關的細分領域。雖然一些書可能已經出版很多年了，但它們就像那個領域的定海神針一樣，是各種變化的基礎。如果你能把這些經典讀透，就像在蓋房子時有了穩固的地基，這對於未來的發展肯定幫助很大。否則就很有可能迷失在「叢林」之中，吃力不討好。

我個人的經驗是，如果沒有老師或高手可以請教，可以考慮如下兩個途徑：一是通過搜尋引擎、論壇、問答網站等，找到一些意見領袖、推薦書目或閱讀清單；二是去圖書館閱讀權威學術雜誌上相關主題的論文，從文獻回顧中往往可以找到這個領域的專家，閱讀他們的代表作。

而對於第一種做法，我提醒大家需要懂得辨識其資訊品質，因為網路上的資訊很可能是泥沙俱下、良莠不齊，當中

或許的確有高手，但也很可能是以訛傳訛的流言；而第二種做法雖然傳統，但反而可能更靠譜一些。

（**3**）**做足功課。**在選書時，多看一些書評、推薦，並對作者的背景、功底、資歷等進行辨別。例如，若你選的是一本學術讀物，那麼作者是否有足夠的理論功底和學術造詣？如果你選的是一本實踐參考手冊，那麼作者是否真正做過，是否有豐富的實踐經驗或諮詢經歷？同時，作者之前是否出版過這方面的書籍，口碑如何？從這些事實中可以看出作者是否善於總結、提煉。

同時，如果有條件，還要看作者給出的行動指南是否普遍且實用？因為這二者其實在一定程度上是矛盾的，所以需要把握好比例：否則若過於具體，可能只是在某種特定情況下有效；但若過於抽象，則很難擁有實用性，只能淪為空洞的理論、想法或原則，還需要讀者自行領悟、消化。

而若變成這兩種情況，閱讀的效果可能都會是差強人意罷了。

（**4**）**合理搭配。**在選書時，有一個值得考慮的因素是，就像飲食一樣，讀書也要講究營養均衡。在這方面，出版人郝明義先生便曾寫過一本書，書名叫《越讀者》，他用飲食來比喻讀書，認為我們讀書就像吃飯，有以下四類需求。

第一，主食：如米飯、饅頭等，讓我們吃飽。這主要對

應的是生存所需的閱讀，是爲了應對個人在職業發展、工作、生活、生理、心理等方面的一些現實問題而讀書，目標是尋找直接可用的解決之道。

第二，美食：像魚、蝦、牛排等，是我們補充蛋白質的高營養食物。這主要對應的是思想需求的閱讀，可以幫助我們思考人生，領悟世界的智慧，探究一些問題或現象的本質。雖然這類書很難消化，但對我們長身體、強壯體魄是很重要的。

第三，蔬果：可以幫助我們吸收纖維素，有利於新陳代謝。這對應的是工具、指南方面的需求，是爲了幫助我們查證閱讀過程中不瞭解的字義、典故與出處等而進行的閱讀。

第四，甜食：如飯後的蛋糕、冰淇淋或日常的糖果、零食等。這對應的是僅供消遣、娛樂或以調劑、補充爲目的的閱讀，也可能有開闊視野的功效。

總之，我們讀書也要講究營養均衡，根據自己的體質去組合出一個適合自己的閱讀食譜，這也是一個很好的思路。在當今時代，大家都「很忙碌」，幾乎沒有時間看書，儘管如此，我覺得大家還是應該儘量多看。爲此，你可以結合自己當前的實際需求，選擇一些實用的書籍，待看完之後，馬上用以指導實踐，有效解決你的問題或改善工作績效。這類書籍強調實用性，方法明確、具體，具有較強的可操作性，結合讀者實際的應用場景，往往可以快速見效。

之後，為了讓你的生命更加豐腴、持久、健康，你還應該抽時間吃一些「美食」，再搭配一些「蔬果」和「甜食」，讓生活有滋有味，不亦樂乎？

3. 制訂策略

　　不同的書有不同的讀法。選好書以後，需要明確閱讀的策略，也就是要有所取捨，區分輕重緩急。在讀書時，我覺得有五種策略，分別適合不同的書：

- 不讀：有些書是不用讀的，包括一些無關緊要的書或垃圾書，意指不在你的書單和讀書計畫中的書目；至於垃圾書，指的是一些臨時湊出來的速食拼盤類書籍，內容不夠嚴謹甚至錯誤百出。閱讀它們只會佔用或浪費時間，干擾你實現目標。
- 瀏覽：有些書只需快速瀏覽即可，包括主題知識領域內的最新圖書（特別是一些商業暢銷書），或是出於調劑、放鬆、休閒、開闊視野目的而來的閱讀，例如小說、傳記等。
- 備查：對於一些經典、規範的參考書、工具書，記得要放在身邊、以便隨時翻閱備查。
- 深讀：對於一些專業領域或可供實際操演的圖書等，記得要深入閱讀。

· 精讀：對於那些經典、專業領域的工具書，記得要精讀並讀透，所以往往不只讀一遍，而是要反覆讀通為止。

和前面提到需要深讀的書一樣，特別是最後一項這個類型的書籍，不可隨意翻閱，更不能蜻蜓點水般地走馬看花，也不適合用拆書等方法閱讀，你必須靜下心來，腳踏實地地讀懂、讀透才行。

4. 掌握方法

凡事都有學問，讀書也講究方法的。好的讀書技巧和習慣可以幫助你更有效地讀書，提高閱讀效率，進而從書中學到成果。基於我個人的一些閱讀習慣，為大家分享四個要點。

（1）**儘量選擇紙本書**。雖然電子書攜帶方便，但存在諸多方面的干擾，也不太適合做筆記，因此在我看來，它可能更適合休閒型閱讀或快速瀏覽，而不利於深思。至少對於我個人來說，閱讀紙本書還是更「有感覺」，找一個不受干擾的時段，安靜地享受閱讀的樂趣並進行深度思考，是一種很美妙的體驗。因此，對於一些需要精讀的書，我建議最好選擇紙本書。

（2）**手腦並用**。在讀書的過程中，既要認真、專注又要隨手畫出重點，並在空白處寫下感想。因為從本質上講，學習就是把新資訊與原有知識進行對接，在他人觀點或外部事

實與自我理解及應用之間建立聯結。隨手寫下你的理解、感想，就是將新知識與你既有的知識基礎、過去的經驗建立連接，是「用心」思考的過程，也有助於增強記憶。

（3）逐段、逐節、逐章地歸納、總結要點。讀書需要及時總結、把握要點，可以將每一段、每一章的要點紀錄下來，直到能用幾句話把全書的核心觀點說出來，並在書本扉頁處做總結。這是把書由第一頁看到最後一頁，逐步消化、吸收透徹的過程。

（4）根據需要，做好知識運營。俗話「教」是最好的學。如果你要教別人，自己肯定得先把它搞清楚。所以我認為，對於一些重要的書，要整理讀書筆記、撰寫書評，或者跟他人分享書中的重點，這也是一種有效促進閱讀的方法。

當然在這裡，「教」並不是必須開發一門課去給別人講授，而是指選對方法，與他人分享自己的心得感想、收穫。事實上，就像任何學習活動一樣，讀書也要做好知識運營（參見第十章），才能讓學習產生效果。例如在閱讀資訊類、認知類圖書時勤做筆記、書摘，並且製作「複習記憶卡」（見表 8-2），定期複習或做自我測驗等，這都是極富意義的。

對於主題閱讀，尤其是需要深讀、精讀的書，這四項讀書技巧或習慣應該是大有幫助的。

表 8-2 複習記憶卡

需要複習的知識點	複習形式及時間點 1	複習形式及時間點 2	複習形式及時間點 3

但是，對於實操類、能力養成類圖書，我則建議必須主動應用，勤加練習，並在練習之後及時復盤（參見第五章）。為此，不妨利用我發明的「學以致用卡」（見表 8-3），制訂詳細的行動計畫，有效執行。

表 8-3 學以致用卡

我能應用的知識點 / 技能項是什麼	具體措施	行動時間	目標或驗收標準

5. 養成習慣

最後，閱讀很重要的關鍵是養成習慣、持之以恆，這是很多朋友都面臨的挑戰。

根據史丹佛大學行為設計專家 B. J. 福格博士的研究，

以及美國《紐約時報》記者查理斯・都希格（Charles Duhigg）在其著作《習慣的力量》中提出的「習慣循環」模型，在我看來，要養成一種習慣其實有四個重點。

（1）**創造提示信號**。所謂習慣，就是在某種情境下做出某些行為的固定模式。因此，想辦法創造出一些暗示（或信號），例如可以把書放到枕邊、沙發旁甚至馬桶上都行。這樣，當你要上床睡覺，想坐到沙發上看電視，甚至是上廁所時，都可以隨手拿起書本來讀上一段。事實上，按照福格博士的研究，你可以自行創造出類似的行動策略─「在……之後，就……」（比如「在上床之後，我就讀十頁書」），將提示信號與行為聯繫起來，確實有助於習慣的養成。

（2）**循序漸進，從小事開始做起**。許多朋友都覺得讀書比較枯燥，的確，書上只有單一的文字及少量圖表，沒有聲音和視頻等多媒體形式。因此，面對厚厚的一本書，閱讀似乎真是一件苦差事，不僅容易心生拖延，而且很難堅持。那該怎麼辦呢？

在 B. J. 福格博士看來：B = Map。[3]

意思是說，行為發生需要具備三個條件：一是你想做（有動機）；二是你有能力，能做出該項行為；三是有相應的提示信號。因此，要想養成習慣，他提出了「小習慣策略」的理論，也就是降低行動的難度，從很小、很具體、難度很低

的行為開始做起。比如不要一下子指望自己讀上幾十頁的內容，甚至是完一本書，反觀是你可從「當我坐在沙發上，就讀一頁書」這樣的「小小策略」開始。因為這個動作很簡單、難度很低，自然容易做到，這有助於你堅持下去。

在你養成了這種小行為之後，就可以循序漸進，擴大範圍，讓讀書成為一種日常習慣。我認為這是一個可行的策略。

（3）**及時慶祝**。「人喜歡做自己喜歡做的事」，這句話聽起來是廢話，但是它背後其實隱藏著人性的規律。如果做一件事情會讓你感到開心、興奮、有成就感，就容易堅持。因此，要想養成習慣，就要在做出某種行為之後，及時獎勵、慶祝。這樣可以把提示信號與行為聯繫起來，形成一種相對固定的模式，這就是習慣。

所以，在你完成了「讀了幾頁書」這個行為之後，要找到自己適合的方式慶祝一下，讓自己體會到其中蘊藏的快樂和成就感，這有利於讓讀書變成一樁樂事。例如你可以在讀完一章或一本書之後犒賞自己，或把讀書筆記 PO 到個人臉書上曬一曬，和他人分享成果。

（4）**激發內在驅動力**。執行任何行為都會遇到阻力或挑戰。在我看來，要養成習慣，最根本的關鍵就是找到內心的渴求。就閱讀而言，如果你把讀書看成或想成是一件苦差事，那自是很難堅持。相反地，你若能享受閱讀的樂趣，把讀書、

學習當做是激發個人成長的樂事，那就有助於形成習慣，甚至慢慢「上癮」……。

從本質上來說，讀書是人類成長的階梯，讀書之如飲食，就是汲取滋養我們頭腦與心靈的養分，給予力量，讓生活更美好。因此，讀書的確是一件快樂的事。

精讀之道 — 從閱讀中理解「學習」的本質

　　如上所述，對於需要精讀的書，要把握從閱讀中學習的本質，掌握關鍵點。

　　從本質上看，透過讀書來學習是一個「知識遠程轉移」的過程，也就是說，一本書的作者在某個時間、空間把他頭腦中的「知識」進行梳理、提煉，並以文字、圖表的方式「編碼」，而你在另外一個時空閱讀到這些資訊，需要對其進行「解碼」，不僅要準確理解作者的原意，且要知道他在那種情況下為何那麼做，然後將你的理解轉化為能夠指導你在當前時空、具體場景中採取有效行動的策略，這才算完成一次跨越時空的知識轉移。

　　從閱讀中學習新事物並不容易，這裡面涉及好多步驟，要歷經好幾重思維的轉換，也會受到很多因素的干擾。在我看來，要想實現從讀書中學習的「知識遠程轉移」，需要經歷四個階段，我稱其為「U 型讀書法」（見圖 8-1）。

1. 觀其文

　　學習始於觀察，通過讀書來學習的第一步是接收字面訊

息。這一步不難辦，只要認識這個字，耐心且專心地看，你就能做到。但需要注意的是，如果你閱讀的是古文或外文書籍，那就需要花費更多的氣力。因為不同時代的人在用字遣詞上肯定有差異，不同國家的作者在表達上也多半別具特色，甚至對同一個名詞的理解與描述，也可能存在著差異。

2. 察其意

想要從書中學習，你必須讀懂、理解每個字的含義，但僅僅這樣肯定還是不夠的。我們要理解字面資訊所蘊含的真正含義，也就是既要「知其然」，又要「知其所以然」。

要做到這一點，就得動動腦去思考，也要具備一定的理

圖 8-1 「U 型讀書法」的內在邏輯

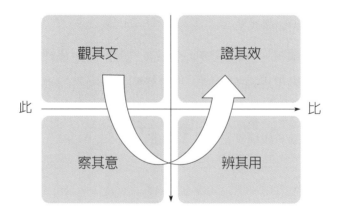

解力，並且有相應的知識基礎，方才能夠「還原」到作者書寫那些文字時的情境。只有這樣，才能真正理解作者的本意。

3. 辨其用

　　學習的目的在於指導我們有效地行動，而不僅僅是「知道」。因此，在「讀懂」之後，更要聯繫自己當前的實際情況，思考如何將作者的這些觀點應用在自己當下的實務工作上。相對於理解，這可是一個不小的挑戰，我們甚至可以將其稱為「驚險一瞬間」，因為這需要從「知」到「行」，真正地付諸實踐。很多人不擅長這一步，他們只是機械、刻板地讀書，自認為自己瞭解了，殊不知只是「紙上談兵」或者「死讀書」。

4. 證其效

　　最後，你需要真正去行動，按照你從書中理解的精神或方法去實踐，之後再透過復盤，看看究竟是哪些地方奏效了？又有哪些地方不管用？如果有幸奏效了，請務必分析真正起作用的是什麼？是運氣，還是自己真正掌握了事物的內在規律？對於不管用的地方，更要認真分析原因，看看是自己沒有真正理解，還是書上所述的精神或方法有其適用條件，抑或只是運氣不佳。

在以上四步中，第一步到第二步是「由表及裡」的過程，要求用心，求得「真知」（通「常」）；第二步到第三步是「由此及彼」的過程，要求靈活，善於「權變」；第三步到第四步是從理論到實踐，是「去粗取精」、「去偽存真」的過程。整個過程的輪廓像英文字母「U」，故而被我稱為「U 型讀書法」。當然，這與從自身經驗中復盤學習的「U 型學習法」（參見第五章）相比，二者內在的框架幾乎是一致的，只是資訊來源不同，所需技能與所要把握的關鍵要點略有差異。

一般來說，如果你讀的書與你的實際應用場景差距很大，比如是古人或外國人寫的書，作者所處的場景與你目前的狀況可能有很大差異，雖然我們不否認這裡面存在可以通用的「規律」、「常識」或人與事的「本性」，但是，這類知識很難直接「拿來」用，需要讀者用心體會，領悟精髓，並結合當前實際靈活使用。對於此類狀況，我稱之為「遠轉移」。

而本書所介紹的「U 型讀書法」特別適用於「遠轉移」。

相反地，如果作者與你所處的場景很接近（有可能是同時代或同類型的，我稱之為「近轉移」），書中所述的觀點、方法也許便可直接「拿來」用。但我仍要強烈建議讀者不可全部照抄，仍應審慎思考，確保自己讀懂了、瞭解書中所述的方法、觀點有無適用條件或邊界，同時，做完之後也要及時復盤，進行驗證和昇華。

★透過閱讀學習新事物的優、劣勢或不足之處？

★對照讀書的七個困難或挑戰，請客觀反省自己處在哪些困難或挑戰中，如何化解？

★參照「五步讀書法」，結合學習發展需求，明確讀書目標。

★確定自己要讀的具體書目，並對每本書進行設計閱讀策略。

★選擇一本需要精讀的書，參考「U型讀書法」來深入研讀看看。

★思考如何幫助自己養成閱讀習慣？

---

1. 《經驗的疆界》詹姆斯・馬奇 著；丁丹 譯；北京：東方出版社，2017.
2. http://www.nppa.gov.cn/nppa/contents/280/75981.shtml.
3. B 代表行為（behavior），M 代表動機（motivation），a 代表能力（ability）、p 代表提示信號（prompt），內容參見《福格行為模型》B. J. 福格 著；天津科學技術出版社，2021.

活用網路資訊

當今時代，無所不在的網際網路讓全球成為一張大網，每個人都置身其中，難分難離。

對此，李天豐深有感觸。這不……，不僅與同事、客戶、好友的聯繫要靠社交媒體，電話都打得少了，公司裡的很多工作事務、資訊共用也離不開網路。除此之外，有了網路，工作與生活的邊界似乎也變模糊了。回到家裡，哪怕是週末、半夜，主管和客戶們總是找得到你。想在睡前看看書，卻還是少不了手機的干擾。即使在公司開會、上課，也總有人進進出出，不是這個人出去接個電話，就是那個人在低頭滑手機回訊息……，總歸是讓人無法專心。

一開始，李天豐還會覺得網路就是一個取之不盡、用之不竭的「知識寶庫」，自己若有不明白的地方，就是網路上搜索一下，多數都能找到答案。即使答案不盡理想，改到群組裡發一個訊息，也往往就會有經驗豐富的「大神」跳出來，幫他想方法。

更別說還有數不清的電子書、直播和線上學習產品……這個看著不錯，那個也是「大咖」推薦，簡直是「亂花漸欲迷人眼」，讓人目不暇給，根本學不完。

但儘管如此，時間一久，天豐心裡開始萌生一絲淡淡的憂慮：「我們看似更忙了，知道的好像很多，可是內心深處卻更加焦慮了。」而且，就像有位專家所說：「網際網路似乎讓我們變得更加淺薄、浮躁。」

這對於天豐自己的學習到底是利還是弊？

他應該如何妥善地從網路上挖寶呢？

網路線上學習，任誰也躲不過……

　　自 2019 年年底開始，一場突如其來的新冠肺炎疫情，讓全球經濟、生活、教育方方面面都遭遇到巨大挑戰。一夜之間，幾乎所有的會議、教育、培訓都變成了線上舉行。

　　其實，即便不考慮新冠肺炎疫情的影響，在過去十幾年間，線上學習也早已登堂入室，甚至佔據了企業學習的半壁江山。[1] 例如國際人才發展協會（Association for Talent Development，ATD）2021 年的調查報告顯示，現在幾乎所有的組織都在使用電子化學習，透過自主電子化學習（32%）和虛擬教室在線課程（35%）形式交付的培訓，占總培訓時間的比例，已累積達到了 67%。[2] 而我所接觸到的企業學習項目中，混合式學習更已成為標準配置。

　　除了企業培訓以外，在教育和繼續教育領域，線上學習也已成為常態。在全球各地，不僅從小學到大學都普及了線上教學，而且有大量課外教輔線上產品或服務供應商。

　　對於職場人士來說，除了可以登錄企業內部的學習管理系統（Learning Management System，LMS）或移動學習平台

（Mobile Learning Portal），學習相應的線上課程或參加直播講座，在企業外部，也有大量線上教育產品或服務可供選擇。例如，你可以透過可汗學院（Khan Academy）或 EdX、Coursera、Udacity 等 MOOC（MassiveOpenOnline Courses，簡稱「慕課」，屬於大型開放式網路課程）平台，免費學習到諸如麻省理工學院、哈佛大學等世界一流大學或公司的精品課程；此外，市面上還有形形色色的知識付費平台。

事實上，在當今時代，誰也無法忽視基於網際網路的學習。

線上教學 — 更符合新新世代的學習特性

　　更重要的是，對於這些新世代來說，數位教學更是符合他們的學習特性，被其青睞有加的學習方式。

　　在中國，我們常用「80後」、「90後」、「00後」來指在某一年代出生的人群，西方也有類似說法。一般來說，20世紀60年代中期～70年代末出生的這群人被稱為「X世代」（Generation X）；20世紀80年代～90年代中期出生的這群人被稱為「Y世代」（Generation Y）或「千禧一代」（Millennials）；20世紀90年代中期～21世紀前10年中期出生的這群人被稱為「Z世代」（Generation Z）。

　　隨著時間的推移，老一代會陸續退出歷史舞臺，新一代將會崛起，這是亙古不變的歷史規律。據美國人口統計資料顯示，2015年，Y世代在全體勞動力中的比例接近50%，而到2025年，Y世代之後的族群在全球勞動力中的比例將達到75%。

　　同時，新世代在學習、消費、社交等方面，與他們之前的幾代人之間有著極大的差異。因此大勢所趨，那些符合「新

新人類」（Y 世代和 Z 世代的統稱）學習特性的學習產品或方式，肯定將會繁榮昌盛，反之則會衰敗，甚至被淘汰。

那麼，「新新人類」的學習特徵是什麼？

綜合國、內外一些機構的調查研究報告，我認為，「新新人類」在學習方面的主要特徵包括以下四個方面。

1. 學習熱情高

首先，「新新人類」大多喜歡新鮮，不喜歡安於現狀或墨守成規，願意變革，善於創新。例如，美國培訓與發展協會（ASTD，後更名為 ATD）2012 年的調查研究報告顯示，Y 世代在同一崗位上停留的時間明顯短於其以前幾代人（平均為二年，而 X 世代平均為五年，「嬰兒潮」期間出生的人平均為七年）。

而對學習帶來的影響，一是他們樂於且善於學習，但保持注意力的時間較短，傾向於碎片化內容，習慣擷取簡潔、清晰、準確、精煉的信息。正像一位研究者所觀察到的那樣：「他們把厚厚的一本講義帶走，之後卻以簡捷、明瞭的快速參考手冊取代之。」（Saving，2012）

2. 學習自主性強

其次，「新新人類」將學習視為一種生活方式，具備更

強烈的自主性。

根據江森自控國際股份有限公司（Johnson Controls International PLC.）於 2010 年發佈的《Y 世代人群與職場研究年度報告》顯示，Y 世代在選擇工作時，最看重的是「學習機會」，其次是「生活品質」和「工作同事」；56% 的被調查者偏好工作的靈活性，希望能夠自主選擇何時工作；79% 的被調查者更偏重有變化而非穩定的工作。

從學習特徵上看，他們擁有自己的想法，更趨向主動思考、質疑權威且更善於提問、動手嘗試，而非被動地聽人說教。

3. 互動參與度高，擅長團隊合作

第三，Y 世代和 Z 世代更善於團隊協作。

勞動力解決方案供應商麒點科技（Kronos Research）在 2019 年的一份調查報告顯示，Z 世代雖是技術達人，但他們在工作中也偏愛面對面的互動。例如，75% 的被調查者傾向於收到管理者面對面的回饋，只有 17% 的人傾向於透過技術或工具的回饋；39% 的人傾向於與團隊成員的人際溝通，而非透過文字（16%）或電子郵件（9%）來傳遞訊息。

江森自控國際股份有限公司在 2010 年的一次調查顯示，41% 的 Y 世代傾向於團隊協作。harDI 教育研究基金會主任艾蜜莉 · 薩維（Emily Saving）認為：Y 世代是多工工作者，

可以即時處理多項內容，並與他人交互；他們也傾向於以團隊形式進行學習，與他人的交互是他們學習的關鍵（Saving，2012）。

4. 數位化學習

第四，「新新人類」是移動的一代、技術達人，他們是數位時代的「原住民」，是在各種「螢幕」（如電視、電影、電子遊戲、電腦等）前成長起來的。愛立信消費者行為研究室一份網路社會報告顯示，對於 Y 世代來說，在學期間，學生們把自己的智慧型手機、平板電腦和筆記型電腦等設備帶入課堂，使得課桌日漸成為擺設。

思科公司（Cisco）2012 年的一項調查顯示，他們中的很多人是玩著電子遊戲長大的，每十分鐘至少就會去檢查一次手機，他們普遍使用社交網路。因此，約 1／3 的 Y 世代「始終在線上」，網際網路對他們來說就像空氣、食物和水一樣重要；約 2／3 的 Y 世代甚至連在車上也會上網。報告中指出，每個人有二百零六根骨頭，而智慧型手機是 Y 世代的「第二百零七根骨頭」。

據著名互聯網研究機構「皮尤研究中心」（Pew Institute）2013 年的報告顯示，青少年智慧型手機使用率快速增加，78% 有手機，其中又約一半（47%）是使用智慧型手機；透過

移動設備訪問網際網路已成爲主流，74% 的被調查者透過手機、平板電腦和其他移動設備導入網際網路，約 1／4 的青少年，基本上只透過智慧型手機來使用網際網路（Madden etal.，2013）。

　　綜合以上因素我們可以看出，「新新人類」是「超級學習者」，他們對學習有著強烈的需求，也善於質疑、反省、善於團隊合作，能熟練地利用各種新技術，尤其擅長或喜歡使用移動網際網路、人際社交與遊戲，因此，誰能妥善利用數位教學，誰就能成爲時代的「弄潮兒」。

樣式多變化的網路學習

　　網際網路做為一個巨大的資訊寶庫和交流平台，可以提供的學習資源和學習形式很多。下面，我們從導入手段、媒體形式、教學組織方式以及學習性質等四個方面，簡單介紹一下數位教學的形式。

1. 導入手段豐富

　　從導入手段看，數位教學形式多樣，包括但不限於：

- 透過影音視頻來學習（如傳統的廣播電台、在電視播放上的通識課程）。
- 透過 PC 進行的電子化學習。
- 透過例如手機、iPad 等設備進行的移動學習。
- 透過 VR / AR、可穿戴設備等進行的模擬類比、遊戲化學習、元宇宙等。

2. 媒體形式多樣

　　從媒體形式上看，基於網際網路而來的學習也是十分多

樣化的，雖包括但又不侷限於：

- 基於文字的線上學習產品：如論壇、電子書、開放課件（OcW）。
- 基於音訊的線上學習產品或服務：如 YouTube、臉書影音平台／App。
- 基於視頻的線上學習產品或服務：如視頻／微視頻平台、線上學習平台（含面向組織內部的學習管理系統、移動學習平台，以及對社會開放的 MOOC 平台等）、直播、視訊會議等。
- 基於互動參與的線上學習產品或服務：如模擬模擬、AI／機器人輔助教學、嚴肅遊戲等。

學習者可以根據個人學習風格、使用場景、資源供應狀況等因素，靈活選擇。

3. 教學模式靈活

借助網際網路，人們可以跨越時間、空間獲取資訊，進行協同與交流。按照課程交付（「教」）與學的時空屬性，數位教學可分為下列兩類：

- 同步學習（Synchronous E-learning）：指的是學習者、講師、引導者各自位於不同的空間，借助直播、視訊會議系統、虛擬教室平台等技術，在同一時間進行交

流互動，其間可使用多種媒介形式，如實時文字、語言、視頻，也可以播放錄製好的音視頻課件，進行測試、練習等活動。

· 非同步學習（Asynchronous E-learning）：指的是講師事先開發、製作好學習內容（如文字、影音視頻等）與環節（如測驗、練習等），學習者在另外的時間、空間，借助電子設備自主地學習，講師和學習者不必同一時間露面作互動。

4. 學習性質全面

就學習性質而言，基於網際網路的學習既包括正式學習，也包括大量的非正式學習。

· 正式學習：網際網路做為一種資訊傳播和交流手段，可以支持正式學習的實施。比如，一些設計、製作良好的在線課程（如精品 MOOC、公司內部 LMS 等）或知識產品，或者有明確目的、嚴謹議程的直播、線上教學（虛擬教室）等，皆屬正式學習的範疇。

· 非正式學習：除了正式學習之外，個人可以透過資訊瀏覽、搜索、參與論壇或知識社群的交流，以及社交媒體、即時通信軟體等各種各樣的方式，進行及時、自發、自己主導的學習。

必須說明的是，非正式學習並不意味著學習效果不佳或不重要。事實上，就像教育學家約翰‧杜威（John Dewey）所描述，真正的學習是一個需要積極參與的社會性互動過程，因此，最佳的學習方式是互動式學習。對於正式學習，如果沒有互動，僅僅是被動地收聽、收看一些資訊內容，不管這些內容與形式再怎麼有趣，學習效果都是很有限的。

　　相反地，在非正式學習中，可能包含更多由學習者主動發起的參與式活動，學習效果也非常好。比如，當你在工作中遇到一個問題時，你可以拿出手機，在一個有很多專家、高手或同行的社交群組裡「說嘴」……，也許用不了多久就會有人給你出難題，也可能會有人幫你解決難題；或者，你也可以到網路上搜索一下，看看有沒有相關話題的討論版。就像人們經常說的，太陽底下沒有新鮮事。

　　這些都是你主動實施的線上非正式學習的努力，它們具有針對性，可以隨時隨地、按照需求學習，效果往往不差。當然，此類學習的內容品質、系統性、結構性比較難控制，成效充滿風險。

線上學習的優、缺點

如上所述，由於數位教學的形式與內容多變，各種具體的學習方法之間，均有著不同的優劣勢與適用範圍。因此，在實際使用時，理應更具體地分析一下才是。

1. 線上學習的價值

一般而言，數位教學對於學習者的直接價值，通常體現在以下四個方面。

（1）**高效性**。一方面，網際網路打破時間、空間的限制，學習者可隨時隨地、簡單便捷地獲取所需資訊，或者與遠隔千里的高手交流；另一方面，由於線上學習部署靈活，普遍採用「碎片化學習」的策略，學習者可利用「碎片化時間」進行學習，或是「按照需求學習」。**3**

（2）**個性化**。網際網路是一個海量資源彙聚的平台，毫不誇張地講，每個人都或多或少地可從中選擇適合自己的學習內容。同時，對於一些線上精品課程（公司內部部署的私有課程以及 MOOc 等），學習者還可以按照自己的學習節奏、

風格、習慣及需求，實現自主學習、按照需求學習（Ondemand Learning）。

（**3**）**低成本**。姑且不談網際網路上存在海量的免費學習資源，僅相較於面授培訓而言，數位教學因為可規模化，故而大多成本低廉。

（**4**）**新可能**。借助於模擬模擬、VR ／ AR、AI 與機器人等新技術，數位教學可以完成實體培訓、讀書等傳統學習方式難以實現的新可能。

當然，對於企業來說，線上學習除了上述價值之外，還有易於開發與更新，可規模化、數位化，過程可管理或量化等優勢，同時，線上學習也符合新世代的學習特性。因此，線上學習的蓬勃發展，絕非偶然。

2. 線上學習的劣勢、弊端

在我看來，碎片化學習的劣勢或弊端可能包括如下幾個方面。

（**1**）**品質參差不齊**。不像傳統知識產品通常有較為嚴格的審核環節，基於線上教學的商品或服務製作以及審核、發佈相對自由，因此容易出現品質參差不齊的窘境。

事實上，如果你所學習的碎片化內容未經「系統式的設計」，它們就可能只是片面的、零散的資訊，即便花很多時

間學習完畢，成效也可能欠佳，無法構建一個體系。就像現在許多付費產品一樣，由於缺乏良好的「碎片化設計」，學習過程也未被有效指導和管理，故而普遍無法達到預期效果。

（2）**學習過程中的干擾、挑戰。**即使資訊經過「碎片化設計」，借助社交媒體和人們的碎片化時間進行學習，仍然面臨諸如「專注力」縮短、學習過程的「心理孤單感」以及對「深度思考」的干擾等挑戰。

例如，早在 2010 年，作家尼古拉斯‧卡爾（Nicholas G. Carr）就在《網際網路如何毒化了我們的大腦》（The Shallows：What the Internet Is Doing to Our Brains）一書中提出了這一問題，他認為網際網路會干擾人們的深度思考，讓人變得浮躁。同樣的，大腦科學研究專家約翰‧梅迪納（John Medina）在《讓大腦自由》（Brain Rules）中也指出：大腦處理資訊的機制仍然需要專注，所謂的「多執行緒處理」「多工」模式只是人們虛妄的奢望。

因此，對於數位教學，學習者可能需要具備較高的學習動機和自律能力。顯然，這並不是每個人都能做到的。

如何看待數位教學？

　　數位教學就像一個千變萬化的萬花筒，從不同的視角望過去會看到不同的景象，因此也是眾說紛紜。在現實生活中，很多人在 LINE、IG、臉書等所謂「碎片化學習」上浪費了太多精力，身心俱疲，他們似乎知道了很多東西，但仔細回想起來，效果並不大。而且整天「滑手機」，每天忙於「跟風」，被來意四面八方的訊息牽著鼻子走，時間一久，任誰也會感到倦怠……。

　　那麼，我們應該如何對待並利用網路教學呢？

1. 態度：既不排斥也不過度依賴

　　在我看來，身處在網路時代，我們必須學會正確有效地進行數位教學，既要充分發揮其便捷、廣泛連接的優勢，快速吸收對自己的知識體系構建、更新有價值的高品質資訊，又不能對其過於依賴，讓自己在「碎片化學習」上花費過多時間，甚至不做主題閱讀、系統化學習，這樣會很危險。這是一個基本原則。

首先，不能排斥或逃避。我堅信，以線上學習、社交媒體爲載體的數位教學有其優勢，如快捷、無邊界，符合當今時代企業快速變化的業務需求，也廣受「新新人類」的歡迎，這將是未來學習變革的大趨勢之一，任何人都無法逃避。我們不能對其不聞不問，一味採用傳統學習方法。

　　其次，不能過於依賴。一方面，「碎片化學習」有其適用條件，最好能以系統化的「碎片化知識」爲基礎，並經過創新性的教學設計，確保知識的品質，至少也要確保提供的資訊是精準、正確且科學的內容；另一方面，個人知識基礎的構建也是一個持續的系統工程，絕對不能離開專注、深入的思考以及系統化的學習。

　　因此，即使是在當今時代，我們也不能因爲迷戀新技術或手段（甚至「上癮」），而拋棄正式且系統化的學習。過分依賴「碎片化學習」絕非睿智的選擇，對於那些尙未建立知識體系，以及從不願掌握學習方法的學習者而言，更是如此。事實上，這種取捨的智慧是我們身處網路時代，卻能夠生存和發展的核心技能。

2. 能力：學會辨別與鑑識

　　爲了瞭解取捨與組合的智慧，讓我們先來看一個簡單的故事：

有一位農民甲，每天拿著一個洗臉盆去追逐天上的雲彩，期盼著能下點雨，好讓自己可以接點雨水，來灌溉田地裡的農作物。結果，天上的雲彩飄過來又飄過去，雖然偶爾有下一、兩場雨，但他接到的也只有那一、兩盆雨水，反觀他的農田因為無人打理，土壤結塊、沙化，根本留不住雨水……。一季下來，雖然農民甲累得精疲力竭，可是田地裡根本長不出農作物，顆粒無收。

　　反觀另一位農民乙，他知道想要有豐碩的收穫，首先需要精心打理自己的田地，深耕細作，讓土壤保持肥沃。其次，水雖是不可或缺的，但卻不能只靠天上的雨水，還必須找出地下泉水來挹注。為此，他選定一個地方，向下深挖，終於挖到了可以持續湧出的泉水。就這樣，即使好幾天不下雨，他也能利用泉水來持續灌溉農田；而下雨時，農田裡肥沃的土壤更可充分吸收、蓄積雨水。因此，不管天氣乾旱或雨水過多，農民乙所種植的農作物始終都鬱鬱蔥蔥的，而且更是年年都豐收。

　　從這個故事中，我們可以得到下列幾點啓示：

　　第一，要想有良好的收成，離不開肥沃的耕田以及穩定、充足且恰當的水分。其中，雨水、泉水都是有價值的，僅靠任何一種方式灌溉農作物都是有缺陷的：僅靠接雨水難以爲繼，但如果沒有雨水的滋潤，僅靠泉水，也會有枯竭的一天，

耕田也會退化。

第二，要想充分地吸收雨水，必須有廣闊、深厚且質地良好的耕田。如果耕田品質不佳，只顧接雨水並不睿智；相反，應優先考慮深耕、挖通泉水，這才是基礎與根本之所在。第三，要打理好你的「耕田」，其實是一個長期持續的系統工程（參見第一章），不會一蹴而就，也不可能一勞永逸。

與此類似，要想成為一個領域專家並持續精進，就需要不斷用心打理、維護自己的「耕田」—每個人專注的知識領域、成型的知識體系以及知識積累。

對此，「雨水」與「泉水」都是不可或缺的資源：「雨水」就是持續的「碎片化學習」，「泉水」則是更為深入、系統、持久的智慧來源。但是要處理好二者的關係，你就必須根據自己的實際情況，靈活組合，確保農田土壤肥沃。

對於數位教學，我建議你針對以下兩個問題進行自我檢核。

（1）我是否已在專業領域自成一個架構或體系？如果已經具備了系統、深厚的「耕田」，有了相對穩固而健全的知識體系，那麼，利用碎片化時間，接收一些經過「碎片化設計」的資訊（即「雨水」），或者對未經「碎片化設計」的資訊進行批判性反省、有效鑑識，你就可以持續保持自己在這個領域的知識更新，這對你的學習和成長是有利的，也是

持續精進不可或缺的。

　　相反，如果你還不具備這些基礎，更為睿智的做法是先通過深入而系統地學習，打造系統化的知識基礎（也就是挖通滋養你生命的「泉水」），不要把自己的精力都浪費到四處接「雨水」上，這將對你更有好處。

　　箇中道理其實很簡單：只有有了一片厚實、肥沃的耕田，才能吸收、蓄積雨水，並將其轉化為滋養農作物成長的營養。否則，如果你還沒有自己關注的知識領域，你的知識還處於一盤散沙的地步，沒有建構起相應的知識體系和積累，這樣的話，你訂閱了一堆知識產品，每天利用各種碎片化時間，聽這個所謂的「專家」這麼講幾句，聽那個「大咖」那麼說幾段，或者這兒聽聽書，那兒參參會，時間看似花了不少，也接了不少雨水，可是你完全吸收不了，也沒有什麼留存。自己被淋成了一個「落湯雞」，忙得不行，但還是沒有什麼積累和建樹。

　　在我看來，一個樸素而亙古不變的道理是：任何生長都需要時間。想要在一夜之間或者不經過艱苦的努力，就能夠有所成就，肯定是不現實的。在當今時代，雖然資訊傳播速度很快，你可以廉價、快捷地佔有大量的資訊，但是，想要吸收、理解它們，形成自己的能力，並非一蹴而就。我們要想在某個方面有所建樹，還是離不開專注、堅持和長期的努力。

如果你知道某個付費性知識產品，剛好是你希望關注的知識領域，同時它也是由那個方面的專家主講，基本上品質不會太差，而且內容經過了有效的碎片化處理，那麼你付費購買，然後利用自己的碎片化時間，按照計畫去學習，快速瞭解這個領域的知識概貌，再配合上其他學習方式，自然可以快速入門。

　　但這是有價值的。

　　要是沒有這樣的產品，我們只能自己透過閱讀、請教專家、系統化地學習等方式，靠自己梳理知識並積累必要的知識。之後再去閱讀收費性的知識產品，這樣才是有價值的。當然，根據我個人的初步觀察，目前許多知識付費產品的品質欠佳，實在很難完全取代我們原有的系統化學習。也就是說，你想透過某個或某系列的知識付費產品，或只是聽聽別人說書例如 Podcast、參加一些短期的線上分享或直播，我覺得這肯定是不夠的。畢竟這一方面受限於技術手段，另一方面又受限於知識產品的教學設計。

　　因此，如果你現在每天接受著各種「雨水」的滋養，但是還沒有累積出專屬自己的知識體系，我建議你儘快發現自己特別感興趣的領域，然後趕緊停下來，別再忙著去接「雨水」了，而是要深入探究，有系統地學習。為此，你需要制訂一個主題閱讀計畫，也就是說，選擇那些經典的書籍，進

行系統化的閱讀並深入學習，或者制訂一個系統的學習計畫，保持專注，付出努力，就像你需要主動地彎下腰來，在你選定的田地裡認真耕種，辛苦勞作。這裡有方法和技巧，但絕對沒有捷徑可走。

（2）我所看到的「碎片化資訊」是否經過系統化設計？可信度高也符合科學？如果你要學習的內容是一個體系，經過專業機構或人員的設計，那麼，你可以按照其設計，一步一步地學習。相反地，如果你看到的只是一個個單獨的訊息，沒有經過系統化的設計，或者設計品質欠佳，內容雜亂毫無章法、缺乏邏輯性，那我勸你最好放棄，不要浪費時間，除非你有能力鑑識這些資料，並且選擇有用的那部份去消化吸收。

同時，你更要懂得鑑識品質。根據經驗，可以透過如下幾項標準：

- 看資訊發佈方的資質：是在某個領域有研究和實踐經驗的專業機構或人士，還是「網紅」或「網路詐騙份子」。
- 看資訊發佈的途徑：是發表在嚴謹刊物（經過審核的正式出版物）上的論文、還是未經評審的個人隨想、雜談（例如各種網路自媒體）。
- 聽專業人士或高手的意見：如果自己無法辨識，那不妨聽聽專業機構、權威人士或高手的意見。

‧個人判斷：如果得不到專業人士的指導，需要自行辨識資訊。那麼其實說到底，對資訊的鑑識既是學習的結果，也是學習的過程。在網路時代，資訊氾濫成災，練就一雙「火眼金睛」，學會鑑識資訊，肯定是每個人迫切需要的本領。

舉例來說，在 Coursera 和 EdX 等平台上開課的老師和機構大都是世界級的權威機構，課程也經過精心、專業的設計，如果這些課程符合你的需要，你利用碎片化時間進行系統的學習，是很有價值的。相反地，很多商業化平台上因為堆積了各式良莠不齊的影音、視頻資料，若想學習，就需要用心鑑識，不可漫無目的地亂學一通……。

綜上所述，在我看來，要讓基於網際網路的「碎片化學習」發揮作用，需要具備以下三個條件：一是學習者已經具備了相應的知識基礎和學習能力；二是認真選擇適合你的、事先經過「碎片化」設計的系統化產品；最後是有效的指導或管理整個學習過程。

畢竟如果不具備這些條件，所謂的「碎片化學習」純屬浪費時間。

所以，在資訊爆炸的時代，「雨水」很多，關鍵看你是不是有定力和目標，同時擁有一雙慧眼，能夠聰明地選擇符合自己所需的精品。一方面，要求自己擁有開放的心態，勇

於接納一些具備價值的優質產品，不管是需付費的還是免費的，妥善利用碎片化時間進行及時、持續的學習；另一方面，更需要謹慎選擇，因為相對於金錢而言，我們的時間和精力更顯珍貴。

與此同時，我們仍要靜下心來，摒棄浮躁，保持專注，選定自己的「農田」，深入鑽研，「深潛」到一些經典而持久的智慧源泉中，挖通自己生命的「泉水」。只有這樣，你才能不「靠天吃飯」，保持長期旺盛的創造力，並且取得自己心儀的成就。

所以，截至目前你已擁有自己的「田地」嗎？

你是被愛下不下雨水淋成「落湯雞」，還是挖到了屬於自己美好人生的「泉水」？

數位教學的策略與關鍵

如上所述，網際網路不僅是人類歷史上規模最大的人際連接平台，也有浩如煙海的資訊。因此，數位教學包羅萬象。就像本章前面所講的數位教學的四種分類方法，它們並不孤立而是同時存在的，甚至也可以組合使用。

比如在企業學習與發展領域，人們經常將學習性質與教學方式組合起來，再將數位教學劃分為以下四大類型（見表9-1）。

表 9-1 數位教學的四大類型

	正式學習	非正式學習
非同步學習	經過教學設計、預先錄製好、學員自主學習的線上課程（含各種媒體形式及「微課」	瀏覽、搜索、論壇、問答、知識庫
同步學習	經過正式教學設計的直播、在線教學等	比較自由、隨意的直播和社群交流

製表人：作者

1. 正式的非同步學習

得益於網路技術的快速發展，電子化學習、移動學習也形成了蔚為大觀的生態，無論是形形色色的內容提供者，還是平台、技術服務商，都能以相對低廉的成本，為企業或個人提供基於網路的學習服務（包括「軟體即服務」，即SAAS）。因此，現在幾乎每一家具備了一定規模的企業都已搭建了面向內部員工的學習管理系統（LMS），並且透過向外採購、租用或內部開發等模式，建立了覆蓋不同職務和層級的線上課程體系，可以透過手機或電腦等多種終端來訪問。在這些系統中，大量課程都是經過教學設計、內容相對經典或權威、預先錄製好的，學員可以自行調配時間、地點，按照自己的節奏或風格進行自主學習。

而這些都屬於正式非同步學習的範疇。

對於此類學習，大家可參照第七章所描述的方法，按正式培訓的模式，進行認真甄選、精心準備、積極參與。同時，記得也要做好知識運營（參見第十章）。

2. 非正式的非同步學習

相對於正式學習，數位教學更多的是非正式學習。無論是搜索、瀏覽（包括文本資訊、音訊檔及短視頻等）、論壇

或社群交流，還是公司內外部的知識庫、問答平台，都屬於非正式學習。其中，如果資訊交流不是在兩個人之間即時發生的，就屬於非正式非同步學習。正如 ATD 主席托尼・賓漢姆（Tony Bingham）所說，利用社交媒體進行協同、知識共用等，已成為「新社會化學習」的大趨勢。

從個人角度看，非正式學習的優勢是可以隨時隨地按照需求來學習；劣勢則是缺乏設計和過程管理，需要極強的自律性，內容品質與學習效果也可能因人、因事而異，當然也有可能產生「意外的驚喜」。

在我看來，要利用這一項學習方式，需要注意下列要點：

- 盡可能聚焦：面對浩瀚無垠的網際網路，你真正需要的、對你有價值的資訊可能真的只是「滄海一粟」。因此，就像「80：20 法則」，在定期透過搜索、更新訂閱等方式來保持資訊管道暢通、動態調整的情況下，要盡可能地聚焦，重點關注少量有價值的管道即可。

- 發揮主動性：由於非正式學習沒有經過設計，要想發揮效果，必須個人主動為之。因此，相對而言，搜索、訂閱專門的更新通知就比單純的瀏覽更為有效；關注適合自己學習需求的高手、加入有明確主題的討論區或特定人群聚集的社群、主動發起話題討論，可能就比漫無目的地提問、旁觀更為主動、有效。

- 盡力排除干擾：雖然在使用網路社交軟體時很難不受干擾，但無論是靠個人自律，還是採取技術手段（如設置群消息免打擾、靜音、群消息折疊等），仍需盡力排除干擾，保持專注，這是保證學習效果的基本條件之一。

- 持續嘗試、更新、調整，打造個人專屬的知識網絡（Personal Knowledge Network）：網際網路是一個龐大無邊界的公共平台，如果你漫無目的地閒逛，效率自然低下。

　　但是，要是你能透過不斷搜索、嘗試、更新、調整，找到適合自己需求的一些「目的地」，就可以快速訪問，提高效率。這其實就是適合你自己的專屬知識網路。

3. 非正式的同步學習

　　近年來，即時通信、社交媒體、直播等網際網路應用快速興起。據中國網際網路路資訊中心（CNNIC）2021 年 8 月發佈的第四十八次《中國網際網路路發展狀況統計報告》顯示：截至 2021 年 6 月，中國網友規模達 10.11 億，即時通信使用者規模達 9.83 億，占網友整體的 97.3%；觀看網路直播使用者規模達 6.38 億，占整體的 63.1%。而網友們最常用的網際網路應用，即時通信等除了用於娛樂、日常交流、購物，

還大量應用於工作及業務拓展上，應用場景日益豐富且廣泛。相對地，以即時通信、視訊會議、社交媒體等技術為支撐的非正式同步學習，也在蓬勃興起中。

由於非正式同步學習的特性，要想有效發揮其價值，需要注意下列要點：

- ·除了關注少量精品、「大神」之外，儘量遠離非正式同步學習：由於非正式同步學習需要花費較多時間，且難以保障品質。因此更需聚焦，儘量遠離非正式同步學習。

- ·與其消極等待或關注，不如主動出擊：向高手學習是學習效率最高的方式之一。

在當今時代，網際網路打破了我們人際溝通與協作的時間與空間限制。你可以根據自己的需要，透過即時通信軟體、影音平台等多種方式，拓展並維護人脈資源，並在合適的時機促成連接與互動。

4. 正式的同步學習

在新冠肺炎疫情「催化」之下，以直播、視訊會議、虛擬教室為代表的即時遠端交流技術得到了長足發展。根據《ATD 2020 年行業現狀報告》調查顯示，2019 年，大約有70% 的組織正在提供講師主導型虛擬培訓；採用虛擬教室交

付的學習時間，占學習總時長的 19%。由此可見，同步正式學習已經成爲職場學習的重要組成部分。與此同時，在面向消費者市場上（To C），也出現了正式同步學習形態的知識付費服務。這些產品或服務一般都經過專業的教學設計，有人引領和管理學習過程，屬於正式學習範疇。

同樣的道理，對於正式同步線上學習，也應遵循與正式培訓（參見第七章）類似的策略。最後需要提醒的是，做爲一種新興的學習場景或途徑，線上教學處於快速變化之中，未來也存在無限的可能。對此，我們既要有開放的心態，又要根據自己的實際狀況，學會有效率地使用，這是一項有待深入挖掘的嶄新技能。

煉金術知多少

★你如何看待網路教學的優劣勢或不足？
★你認為應該如何看待網路線上教學？
★哪些需求適合採用數位教學？
★基於你專注的知識領域，選擇若干符合需求的網路資訊管道（如社群網站、網紅、影音網站、直播主等），嘗試建立個人知識網路。
★對你的網路教學進行復盤，看看有無需要改進或提升？

1. 「線上學習」（Online Learning）有很多不同的稱謂，比如線上學習、電子化學習（E-Learning 或 Electronic Learning）、移動學習（Mobile Learning）、虛擬化學習（Virtual Learning）等，指的是借助現代資訊通信技術或電子化媒介來獲取資訊、傳遞經驗。在本章中，我將其統稱為「線上教學」。

2. 2020 State of the Industry，ATD research, 2021.

3. 從個人實踐的角度看，「碎片化學習」既包括利用碎片化時間獲取資訊，也包括循序漸進地積累「碎片化」的內容，進行知識建構，二者都是個人在資訊時代學習的必備技能。

經營「知識」

業務工作是一門高深學問，既是科學，也是藝術。經過一段時間的實踐，李天豐對此感觸頗深。因此他覺得，要成為一個專業的頂尖業務員，既需建構扎實的理論基礎，更得在實踐中學習、鍛煉。

　　所以幾個月前，李天豐向自己部門的一位工商管理碩士（MBA）請益，請他幫自己開一個書單，他想利用下班後的時間進行有系統的閱讀，並且聯繫實際，認真思考和琢磨，學以致用。同時，他也積極地向有經驗的高手請教，認真地對自己負責的每一個項目（無論成敗）進行復盤，漸漸地，他開始總結出一些規律……

　　而經過一段時間的累積，天豐對業務工作越來越上手，業績也越來越好。這讓天豐越來越有信心，企圖心也變大了……

　　「天豐啊，最近你連續談下好幾張大訂單，不錯啊！」聽到主管在例會上公開表揚自己，天豐心裡很開心。

　　「你看這樣行不行？下周，你抽個時間總結自己的經驗，分享給部門同仁們，讓大家都一起來學習。」面對主管的請求，李天豐本想推辭，一是自己沒有底，不知道能講出什麼東西來，二是公開分享給同事們，似乎略顯高調，他擔心因此容易遭到嫉妒，甚至被孤立。

　　但轉念一想，要是不答應，主管和同事們可能也會認定是不願意分享經驗。於是，他猶豫了一下，最後還是答應了。

　　「好，那你好好準備準備啊，我很期待你能和大家分享自己拿手的『乾貨』。對了，天豐，下周咱們部門會有一位新進員工到職，要不就讓他跟著你學習吧，記得要好好帶領他喔……」

　　「嗯，好的，謝謝經理。」雖然口頭上答應得很爽快，李天豐心裡卻有些不太樂意。他心想，自己的工作壓力本就不小，這一下子又多出兩項任務，這對我有什麼特別的價值嗎？這些工作一定要做嗎？

　　如果你也和李天豐一樣有類似疑問，我的答案是：是的，類似工作對你很有價值，當你在某個領域積累了一定的知識或技能之後，一定要重視並做好知識經營規劃。這是你真正成為領域專家不可或缺的必備環節。

做好知識的經營規劃，實現「第三次突變」

　　所謂知識經營規劃，指的是綜合並運用已掌握的知識和技能，使其發揮作用、創造價值，並及時更新、改進，持續維持效用。按照我所講的成長為領域專家的「石、沙、土、林」隱喻，在明確目標並運用相應的方法，付出努力，且具備一定能力之後，你更必須做好知識經營規劃。只有這樣，才能實現第三次突變—「積土成林」。

　　事實上，一旦固定了「沙」，在某個細分區域形成了「土」之後，「種子」會開始發芽、生長，自然會啟動一個良性成長的循環—土壤品質越好，植物生長得越快，根紮得越深，則將會形成更多的肥沃土壤，改善土壤品質，讓長出來的植物逐漸壯大。就這樣，植披慢慢擴大，最終形成茂密的森林。

　　在這個隱喻中，「植物」是對應著知識的應用，也是創造和產出。在我看來，這是非常重要的，是維繫終身學習狀態的必要條件。一方面，學習的最終目的是應用，提高人們的行動效能；另一方面，應用也是促進學習的最佳方式，而實踐則是檢驗學習成果、糾正偏差的最終標準。因此在我看

來，進入「森林」的狀態是一種終身學習的理想境界，也是成為專家的必然狀態。

為什麼這麼說呢？

首先，森林有足夠的土壤，可以廣泛而高效地吸收各方面的養分（雨水、陽光、空氣和其他有機物），使其自身愈發壯大。其次，森林是一個搭配合理、自我繁衍的生態體系，可以相互作用、自然地演進。比如這裡有高大的喬木（是你的核心知識領域或成就），也有一些小樹苗、小草或灌木（是與你的核心知識領域相關的支撐領域），這邊長一叢，那裡也長簇，看似生機盎然，孕育著無限的潛能。當然也許有些樹木會枯萎了，但另外一個地方又長出新芽來了。

這就是自然演進的一個過程。

更重要的是，這本身即是一個學以致用、自我增強的過程：透過「學」，不斷吸收雨水和養分，滋養這個生態，促進植物生長；與此同時，「用」也能進一步滋養、改良土壤，促進「學」，並改善、維繫整個生態的運作。它不會自我封閉，不會抗拒、排擠，而是形成了一種持續學習、更新、成長的習慣，可以適應各種挑戰，輕鬆而和諧，生生不息。

所以我認為，一個人要想真正成為終身學習者，就要進入到「知識森林」這樣一種狀態。既有自己擅長的專業領域，又有足夠寬廣的知識層面和延展性，就這樣逐步形成一個學以致用、教學相長、不斷持續的循環體系。

經營、規劃個人知識的五大環節

按照我在《知識煉金術：知識萃取和經營規劃的藝術與實務》一書中對知識特性的分析，任何一項知識或技能都有編碼度、掌握度和擴散度三個維度 **1**：

- 所謂「編碼度」，意指在何種程度上可對知識進行表述—有些知識可用文字、圖表等方式表達，有些則是「只可意會，不可言傳」。

- 所謂「掌握度」，就是對知識的理解和應用，就算你只記住或已理解，其仍舊可以指導你的行動，甚至進行調整和優化。

- 所謂「擴散度」，就是知識會在多大範圍內被觸及和掌握，而這部分是只有你自己瞭解，還是少數人知曉，抑或已是公開的資源。

因此，知識的經營規劃必須以這三個維度做為基礎，來進行設計和實施。按照上述三個維度，我認為基於實踐經驗，個人知識的經營規劃則有以下五個環節（見圖 10-1）。

圖 10-1 個人知識經營規劃的三個維度、五個環節

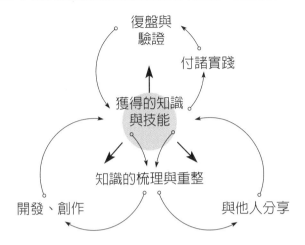

1. 知識的梳理、重組

按照個人學習的一般過程（參見第四章），已經掌握的知識與技能需要定期進行梳理、重複，以防止遺忘。需要說明的是，為了便於對知識的理解和應用，你不能只是簡單地瀏覽或記憶，而是要運用你慣用的語言、方式，對知識進行重新組織（或稱為編碼），比如：

· 當你讀完一本書，不妨編寫一篇讀後心得，或將書中的知識要點整理成筆記或圖像。

· 在你向身邊的高手請教或交流之後，必須及時整理交流要點或現場觀察所得。

- 在你參加了一次培訓，或觀看了一門線上課程之後，你可以運用圖像記憶的方式，回憶、整理、輸出培訓內容要點。
- 在你搜索或瀏覽一些網路上的相關內容後，試著整理出重點，並做成簡報或提綱。

需要說明的是，雖然強化記憶也屬於學習的一部分，但用自己的話對已獲得的知識進行重塑，這也是一種初級版的知識經營規劃，同時也是進行深入開發以及與他人分享的基礎。

2. 付諸實踐

儘管有些學習是為了獲取某些資訊，有些則是為了提高有效行動的能力，但即便是前者也有其目的性，比如是為了應付考試、解答某些題目。因此，它們也與行動緊密相關，只有極少部分的學習可能是隨興、偶發的狀況，並無明確的目的。

從知識經營規劃的角度來看，想要把知識真正納為己用，那就必須能夠將其付諸實踐。比如無論是你向某個高手請教了應對某項挑戰的對策，還是參加了一次培訓，請都別滿足於「知道或記住就好了」，而是要將其應用於自己的實際工作或生活上。

一般而言，「知」與「行」之間存在著巨大的鴻溝，在

我看來，由知到行更意味著對提升知識的掌握程度，畢竟付諸實踐，是知識經營規劃的關鍵。

3. 復盤與驗證、改進

如第五章所述，復盤是個人能力提升的必備環節。在將獲得的知識付諸實踐（躬行）之後，要及時進行復盤。透過復盤，可以有效驗證自己對知識的掌握程度，並且改進其中尚未完全理解的地方，這樣才能「明白事理」。

若從知識經營規劃的角度來看，透過復盤，可以輸出一些知識成果，例如完成某項工作、應對某項挑戰、實現某個目標的「錦囊」，或者我發明的「經驗萃取單／教訓記錄單」。**2**

4. 開發、創作

基於對知識的梳理和重組，加上其他相關知識的連接、比較，以及行動後復盤的驗證與啟發，無論是有意識還是無意識，兩者都會產生一些全新的結論或知識。從知識經營規劃的角度看，如果能夠主動地讓新知識「生出頭髮」來，形成所謂的知識成果，這將有助於形成「知識森林」及保障生態演進。這是知識經營規劃最微妙且最關鍵的環節，也是提升知識掌握度及破解知識密碼的關鍵點。

例如你可以基於主題閱讀，結合實踐和復盤成果，針對

某個主題進行梳理，進而形成一門學問或者專題報告、論文等知識成果。

5. 與他人分享

在對知識進行驗證、重新表述，並且創作出新知識之後，你可以向他人分享自己已經掌握的知識，比如做主題分享、指導他人、撰寫並發表論文、開發微課或培訓課程等。

說起和他人分享，這一方面有助於增加知識的擴散度，另一方面也有利於提升知識的掌握度。就像俗話所說，「教」是最好的學習方式，因為「台上一分鐘，台下十年功」。對於大多數人來說，要想和他人分享，一定要確保自己深刻理解了知識，並且經過實際檢驗確信，這個知識是的確有效的。

經營、規劃個人知識的方法

對於不同的學習方式，上述五個環節的觀察重點也多半有差異。因此，在設計自己的知識經營規劃策略時，大家不妨靈活組合、使用。而知識經營規劃的常用方法則如（表10-1）所示。

表 10-1 個人知識經營規劃的常用方法

學習策略／方法	知識的整理與重組	付諸實踐	復盤與驗證、改進	開發、創作	與他人分享
自我求學： 總結／反思、預演／謀劃、復盤	・個人總結報告 ・復盤報告	個人改進行動計畫	個人復盤報告	・論文 ・專題報告 ・流程改進建議 ・管理改進建議	主題分享
請教他人： 觀察模仿、請教／交流、師徒制	・見習／考察報告 ・心得與收穫要點			・操作規範 ・識要點提煉	主題分享

網路學習： 流覽、搜索、社會化學習、直播、實踐社群	・內容策展 ・文獻回顧與梳理 ・知識要點清單或思維引導圖				專題綜述
正式學習： 公司內外部的各種培訓、在職訓練／結構化在職訓練、學歷教育／資質認證、線上課程	・梳理培訓涉及的知識要點清單或思維導圖 ・製作知識要點複習卡片 ・整理實用方法的操作步驟	製作實踐計畫表	實踐應用要點	微課程	主題分享
讀書學習： 休閒式閱讀、主題閱讀、讀書會	・梳理知識要點、清單或思維導圖 ・讀書筆記	製作實踐計畫表	實踐應用要點	・論文 ・微課 ・專題報告	主題分享

製表人：作者

知識經營、規劃的誤區與對策

知識經營規劃雖然看似簡單，但在執行時仍會出現不少地雷區，想要安全過關，克服這些挑戰，其實並不容易。

1. 知識經營、規劃的四大誤區

根據我的觀察，在實踐知識經營規劃時，常見的誤區有以下四類。

（1）**不重視**。在現實生活中，很多人不重視知識經營規劃，他們的理由通常是：「我平時工作那麼忙，哪有時間去開發知識、寫文章……」在我看來，大家之所以不重視知識經營規劃，主因在於：一是認為學習就等於獲取資訊，二是認為學習與工作是矛盾的。這都是對學習認識的誤區。

如上所述，學習的目的是提高人們有效行動的能力，因此，學習與行動是密不可分的，自然也離不開知識經營規劃。如果沒有知識經營規劃，就不可能將資訊轉化為自身的能力，即無法改進優化行動效能，學習也就不算是完整的了。由此可見，從本質上看，學習就是工作的一部分，二者間密不可分。

（2）**無行動**。有些人即便意識到知識經營規劃的重要，但在執行時還是沒有太多的實際行動。無論是讀完一本書，或是與專家或高手進行一次交流，甚至是參加一場培訓，完成一門線上課程……，就算是獨力完成了一次復盤，但做了就做了，也沒有其他的後續行動。

為什麼會這樣？

基於我的訪談調查，常見的原因（藉口）包括：

‧不知從何下手？

‧不知應該怎麼做？

‧感覺難度大，自己做不到。比如一談到寫文章、開發新課程，甚至幫大家做三十分鐘的主題分享……，很多人都覺得這根本難如登天。

的確，就像俗話所說「台上一分鐘，台下十年功」如果你沒有想法、並未累積成效，加上胸中無墨，自然很難輸出、分享成果。但正如荀子所說：「道雖邇，不行不至；事雖小，不為不成。」如果遲遲不動手，這時就算你已具備條件，但通常也不會有結果。

（3）**做不好**。雖然知識經營規劃的具體方法並不玄妙高深，但許多人因為不夠重視、沒有用心琢磨，導致方法失當或欠缺能力，進而導致效果不佳。

事實上，這會進一步降低人們對知識經營規劃的熱情與

信心，導致動機下降，隨之更不重視知識經營規劃，執行頻率逐次降低，進而陷入一個效果越來越差的惡性循環中。

當然從本質上來說，上述的惡性循環也是個人知識經營規劃的「成長引擎」（見圖 10-2），因為一旦你真正重視知識經營規劃，自然就會用心琢磨，增加執行頻率，提高知識經營規劃方法應用的熟練度和有效性，從而增強知識經營規劃的效果。一旦當你嚐到甜頭，就會進一步強化信心與興趣，進而更加重視並且努力實踐，開始走上一個良性循環。

圖 10-2 個人知識經營規劃的「成長引擎」

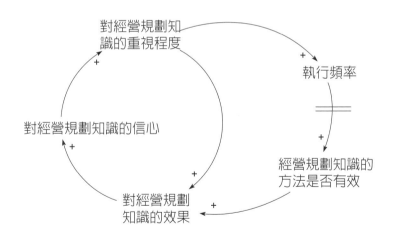

（4）**難堅持**。由於不重視、無行動、做不好，自然很難堅持。但如上所述，若無法堅持知識經營規劃，真正的學習肯定很難發生。

2. 知識經營規劃的關鍵與成因

既然存在以上四個挑戰，個人在做知識經營規劃時要注意哪些關鍵要點呢？基於我的觀察與實踐，我認為可以參考下列六項建議。

（1）**高度重視**。要理解知識經營規劃是學習不可分割的一個過程，從思想上高度重視知識經營規劃，並給自己預留足夠的時間，這也是完成知識經營規劃，以及克服困難、堅持，進而形成習慣的動力。同時，一定要將自己的重視體現在實際行動上，在每一次「學習」活動結束之後，都要考慮並匹配相對應的知識經營規劃措施。

（2）**設置提示信號**。即便你確實重視並且想要執行，但請記得還要設置提示信號，也就是說，在什麼時候或什麼情況下，你要做什麼知識經營規劃活動。例如按照（表 10-1），你可以在按計劃精讀完一本書之後，預先設定好在部門周例會上給小夥伴們做一次主題分享。同樣地，你在參加完一次培訓之後，也能預先在日曆上標註出何時複習、如何應用、何時復盤、要不要做個分享等，這些都是明確的提示信

號。

（3）**從小處著手。**一上來就做比較複雜、龐大主題的知識開發，這往往難度很大，很可能會導致拖延，也不利於快速見效，樹立信心。因此，要想讓行為發生，可以從難度較小的行動做起。畢竟難度低，就容易產生行動。所以，一定要循序漸進，切記勿在初期便貪大圖全。

（4）**制訂明確目標。**如同要從小處開始做起一樣，一開始的目標也不能過大或過度要求完美。在現實生活中，我見過太多人因為擔心自己做得不夠完美，或者試圖追求完美，故而遲遲不敢行動，或根本無法完成，實在很可惜。

如第三章所描述，目標最好明確、具體、可衡量，有挑戰性但可實現，並有時間限制。同時，目標也要經常被提及，最好是直接把它們寫出來，或是分享出去，請別人來監督自己，這也有利於強化行動的動機。

（5）**定期復盤。**就像第五章所說，復盤是形成並提升個人能力的基本途徑。知識經營規劃也是如此，要提升自己的知識經營規劃能力，記得也要及時復盤。如果做得不錯，務必要總結、提煉出適合自己的做法，即便沒有完成或者做得不符合自己的預期，也不要灰心或過分苛責，這時務必要冷靜、客觀地查找原因，適度調整策略與計畫，逐漸摸索出規律。

（**6**）**及時慶祝。**如第八章所述，要想養成習慣，需要及時慶祝或獎勵自己，這將有助於把知識經營規劃和提示信號聯繫起來，形成一個良性且正面的習慣。

★想成為專家，經營規劃知識是重要環節。那麼為何要做知識經營規劃？談談你目前的體會。

★個人知識經營規劃的方向與環節？

★個人知識經營規劃的具體方法？

★經營規劃個人知識時，必須注意哪些關鍵點？

★請結合當下的工作內容，制訂你個人專用的知識經營規劃計畫。

1. 《知識煉金術：知識萃取和經營規劃的藝術與實務》邱昭良、王謀，著，機械工業出版社，2019.
2. 《知識煉金術：知識萃取和經營規劃的藝術與實務》邱昭良、王謀，著，機械工業出版社，2019.

終身修煉

回首自己一年前制訂的目標，李天豐感慨萬千。

　　經過這兩年的努力，李天豐已成為公司內部公認的頂尖業務員，各項工作都可說是得心應手，業績更是突出。與此同時，他在近半年來也陸續指導了幾位新同事，幫助他們快速適應工作，成功獲得主管認可。

　　李天豐甚至聽說，業務高層計畫籌備新部門，主管更有意讓他擔任部門經理。

　　不管這次能否擔任部門經理，天豐對自己被提拔還是充滿了信心。當然，他也知道，從一名原本從事後勤管理工作的員工，獲得拔擢提升到帶領一整個團隊，這是一個非常大的挑戰，絲毫不亞於自己當年決心轉職到業務工作時的困難度。

　　而自己到底能否勝任？

　　雖然李天豐知道這個答案有待自己去努力，中間也肯定會經歷很多難以預料的困難與波折，心裡即使忐忑不安，卻也充滿了期待。他相信，自己當年的華麗轉身絕非單憑運氣，也不是偶然，這裡面實有規律、方法、訣竅，只要自己掌握這些規律、方法與訣竅，就能再次順利渡過難關。

　　當然，在這個過程中，少不了智慧、勇氣與毅力！

　　而生命之所以如此美麗，不就是因為它充滿了各種各樣未知的挑戰嗎？

　　這是一個終身的修煉！

時刻防範「退化」的風險

按照成為領域專家的「石、沙、土、林」隱喻，雖然我們透過努力，可以從「沙」到「土」，由「土」成「林」，但在這個過程中，任何一個時刻都面臨「退化」的風險。正如「一陰一陽之謂道」，建構知識基礎對於學習本身來說就是一把「雙面刃」，因為知識基礎越豐厚，學習能力越強；此外，知識基礎越豐厚，人們也就越容易心生傲慢或變得自以為是，認定自己「什麼都懂了」，進而導致心智模式日趨僵化或封閉，就像「沙」或「土」又開始結成塊狀，在土壤表面形成一層硬殼，甚至退回到「石頭」的狀態，削弱了整體的學習力。

同樣，森林也有可能遭遇蟲災或山火，甚至因為自身構成的失衡而導致退化、水土流失。就像現在，許多行業會因為顛覆性技術的出現而慘遭淘汰，原有的技能與知識都將變得一文不值。

因此，開放或封閉是一道「分水嶺」：保持前者，能讓你在知識的海洋中自在遨遊；若陷入後者，你就會退化到「非

學習者」狀態，故步自封，甚至落伍、被淘汰。想要成為一名真正的專家，請記得必須始終保持開放的心態，時刻防範「退化」的風險出現，這正是實踐終身學習的基本要件。就像荀子所說：「如垤而進，吾與之；如丘而止，吾已矣」。（以上出自《荀子・宥坐》）

「垤」就是螞蟻築巢時堆在洞口的小土堆。這句話的意思是說，你取得的成績哪怕只有像螞蟻洞口的小土堆那樣小，但只要你不斷進取，那我就會讚許你；反觀你取得的成就哪怕就像高山那樣大，但如果你止步不前進，我也不會讚許你。從這裡我們可以看出，持續精進才是成為專家的根基。

我們都知道，環境變化是永無止息的，哪怕你真的已取得很高的成就，對該領域的知識也很精通，但只要你停止學習，你也就不會再是真正的專家，因為你已失去開放的心態，失去探索新事物的熱情，你原有的知識庫就會逐漸僵化，只有存量卻沒有流量，待一段時間過後，你的績效勢必就會開始下降（因為你的知識庫僵化了，難以應對環境的變化）。

因此，真正的專家應該是持續學習、不斷精進的，須知學習永無止境。

事實上也的確如此。幾乎每一位偉大的藝術家、科學家，一直到晚年甚至去世前，都在不斷探索新的可能，嘗試新的風格，永不停歇。比如，雖然人們有時會為愛因斯坦晚年所

犯的錯誤而深感惋惜，但這恰恰就是他追求眞理、探索未知、永不停步、不斷創新的體現。再者，例如畢卡索終其一生的創作數量高達四萬五千多件，雖然已有專屬於他的個人特色，但推究其一生，始終都在探索新的風格⋯⋯。

　　我相信，你也能舉出很多類似的例子。

不要待在舒適區，讓自己持續成長

　　按照心理學家李夫・維高斯基（Lev Vygotsky）提出的「最近發展區」（Zone of proximal Development）理論（見圖 11-1），你可把自己已熟練並能掌握的能力條列出來，標註出它們之間的關係，把它們畫到一個同心圓中，這就是你的「舒適區」。如果你完成工作任務、解決遇到的問題或挑戰所需的經驗或技能，剛好落到這個區域，那麼你就會充滿信心，由衷感到舒適、開心。

圖 11-1 「最近發展區」理論示意圖

當然，這也是有限度的。如果你已具備這些能力，而你的工作職責要求你一直使用這些能力，讓你開始感覺沒有挑戰性，那麼慢慢地，你也會開始感到枯燥或無聊。

　　因此在我看來，從人性上講，我們並不會一直停留在自己的舒適區，也有走出舒適區，嘗試新事物、接受新挑戰的衝動。這時候，如果你遇到的一些問題或工作任務，已超出自身能力範圍，但透過外部協助（支架或支持、指導）以及自身努力，你仍可發展出新技能，這當中或許尚不算熟練，但已擴大了你的技能範圍，而這些新的生長點就是你的「成長區」（中間的同心圓）。之後，透過不斷練習和學習，這些新的生長點便會成為你可以熟練、掌握的技能，從而拓展你的舒適區。

　　這正是一個動態的、不斷發展變化的過程。

　　不過，在某些特定情況下，你應對問題或挑戰需要的能力，與你已經掌握的能力之間跨度太大，完全超出你的理解或能力範疇，即便是有人從旁協助也無法搞定，這樣一來就會讓你產生巨大壓力或焦慮感。此時，這些挑戰將使你深陷「焦慮區」（外圈的那個同心圓）。就像荀子所說：「故能小而事大，辟之是猶力之少而任重也，舍粹折無適也。」（以上出自《荀子‧儒效》）

　　意思是說，能力不大卻要做大事，這就如同氣力很小而

偏要去挑重擔一樣，除了把腰骨折斷，再也沒有別的下場。

因此，要把握好一個維度，既不能待在舒適區內不思進取，也不能不切實際，把步伐邁得過大，反讓自己陷入焦慮之中。故而在我看來，最好能基於你已具備的能力，在自己在能夠接受的最大張力範圍內進行拓展，這才是正途。

的確，人類最基本的學習方式就是「做中學」，因此，完成挑戰性任務被認為是最好的學習方式。就像任正非所講：「將軍不是教出來的，而是打出來的。」小馬拉大車可能會把你壓垮，但也有可能讓你鍛鍊出強健體魄。如果你有信心能在短期內摸索到竅門，或有資源讓自己快速歷練出能力，那麼你就應該勇敢接受甚至爭取、創造挑戰性任務；但如果不具備上述條件，也請不要太過有企圖心，試圖「吃成胖子」，避免因失敗而讓心裡受傷。

事實上，有關「最近發展區」理論，其實和心理學家奇克森特‧米哈伊‧米哈伊（Mihaly Csikszent Mihalyi）提出的「心流」理論是一樣的道理。在他看來，我們之所以會全神貫注、廢寢忘食地做一些事情，這種「三月不知肉味」的心流體驗，其成因包括以下幾方面：

一是，你喜歡它們，因為它們具備意義且目標清晰。

二是，你能及時得到回饋，感受到整件事正在推展中。

最後是，任務的難度與你的能力是相匹配的，而這二者

適度協調後，一切將成良性的動態演進（見圖 11-2）。

圖 11-2 「心流區」要平衡挑戰與技能

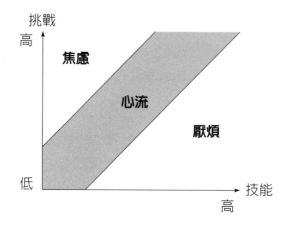

也就是說，如果完成任務所需的難度超出你的能力許可，你根本搞不定這項任務，那就會產生焦慮感；反觀任務的難度若遠低於你的能力，你做起來也會感覺枯燥、無聊或厭煩。一切只有在滿足這三個條件的情況下，我們才會進入心流區。

因此，就像英國作家威廉 ‧ 薩默塞特 ‧ 毛姆（William Somerset Maugham）所說：「只有平庸的人，才總是處於自己的最佳狀態。」當你透過學習，在某一個領域累積了一定程度的實力之後，這時若沒有焦慮感，你便會一直陶醉於「自

己勝任當前工作」的美好感覺中，一旦覺得自己處於「最佳狀態」時，這可並非好事，因為這可能意味著：

一、你處於自己的舒適區中，並未產生學習（而你周遭環境卻一直在變化）。

二、你沒有走出舒適區去接受挑戰的動機，覺得繼續保持這樣的狀態就很好了，而這意味著你將有「退化」的風險。

三、你恐怕不想再去追求更高的目標，這意味著你難以有持續的發展。

四、你的任務和能力均沒有顯著變化（因為若任務發生顯著變化，而能力變化卻相對緩慢，你必然會因此感到焦慮或厭煩）。

綜上所述，當你總覺得自己處於最佳狀態時，你就已變得平庸了。相反的，處於持續精進狀態中的人，不會讓自己一直待在舒適區裡，他會樹立更高的目標，探索全新的可能，持續不斷地增強自己的能力。

實踐「持續精進」的六項改進

在我看來，要養成並提升任何一項能力，都需要經歷一個過程，其中包括「真知」、「會做」、「篤行」和「復盤」四個階段，它們構成了一個閉合的回路（見圖 11-3）。透過復盤，可以促進對事物的真正理解，鍛煉與提升能力，改進做事的方法，從而促進更好地行動。

這就是「持續精進」的循環。

因此，要想實現持續精進，你需要真正理解學習的內在機理和一般性規律，認識自己的學習（真知），掌握相對應

圖 11-3 持續精進的循環

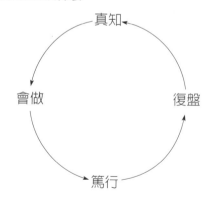

的方法（會做），尤其是適合自己的學習方法。然後再按照既定的策略與計畫，堅定地行動（篤行），努力改變現狀，實現目標。最後，不管目標是否達成，都要進行認真的「復盤」。

透過復盤，你要考慮以下六大方面是否需要改進，這樣方可更有效地推動「持續精進」的良性循環。

1. 不忘初心，維持動機

雖然按照 B.J. 福格的觀點，從具體行為的改變上看，動機並不是最重要的，但無論是短期行為還是長期習慣，動機都是不可或缺的，尤其是每個人發自內心渴望實現的願景所發生的內在動機，更是克服艱難險阻、實現持續精進的內驅力。

根據心理學家愛德華・德西（Edward Deci）和理查・瑞安（Richard Ryan）提出的「自我決定論」（Self-Determination Theory）：大量研究表明，當人們受內在動機驅動時，學習的持續時間更長，對主題的理解更深入，也記得更清楚、更長久。

所謂內在動機，指的是每個人做出選擇是由自己的內心因素所驅動，包括喜愛、成就感等；所謂外部動機，是指個人主要是受外部因素驅動而做出選擇，比如考試分數、獎勵、他人的認可或期望等。因此，正如蘋果公司教育副總裁約翰・庫奇所說：「調動孩子的內在動機，使其主動學習，是

教育的終極目標，也是最困難的事情。」把這一個結論應用到我們自身的學習上，也是極富意義的。

在我看來，只有啟動並維持自身的內在動機，未來才能走得更長遠。在遭遇困難或挫折時，內在動機也是克服困難、開創新局的最大動力。

就像第三章所描述，源自內心深處的熱愛、真心渴望實現的未來願景以及長遠目標，將會產生巨大的激勵作用。在困難、挫折甚至失敗面前，只要把眼光放得更遠，自然也就不會在意眼前的小小得失了。

因此在復盤時請勿忘初衷，想想自己真正想要的是什麼？尤其是自己的願景與長遠目標。它們就像北斗星一樣，可以在漫漫長夜中指引我們找到前進的方向，或在面臨重大抉擇前，幫助你做出更睿智的選擇。

2. 刷新目標與策略

在我看來，目標與策略就是願景與行動之間的橋樑。在復盤時，要對照預先設定的目標，看看有哪些完成了？還有哪些沒有完成？然後針對其中的重大差異進行深入分析、反思，進而發現根本原因。

從邏輯上來講，這個過程之所以存在差異，其中一個繞不開的原因可能就是標準（目標）是否合適？所以在復盤時，

務必要對目標體系是否完整、有效，每一個目標的預期值是否科學、合理……，逐一進行反思、推敲，並且梳理實現目標的策略，看看當中還有沒有改善的空間。

3. 更新學習內容

刷新目標與策略之後，在對個人發展歷程進行復盤時，還要就學習內容進行梳理、優化。也就是說，結合自己的目標與實現目標的策略，找到阻礙目標實現的關鍵障礙，看看自己還有哪些能力需要提升，還存在哪些缺點或不足之處，然後再進行實質的學習，也就是「缺啥補啥」。事實上，按照愛利克 · 霍姆伯格 · 艾瑞克森（Erik Homburger Erikson）等人的研究，高手修練的「刻意練習」不同於一般人的簡單重複，他們會專注在改善整體表現中，某個非常具體的弱點，制訂明確的改進目標，然後透過全神貫注地投入和努力，成功實現它。

如果在這個過程中能夠得到專業教練的指導，學習將可更為高效。就像世界上沒有兩片完全相同的葉子一樣，每個人都是獨一無二的，每個人的學習也是個性化的，並且始終處於動態變化之中，建議大家要定期復盤，參照「刻意練習」的原則，確定自己下一階段的學習需求。

4. 改進學習方法

除了學習具體的內容，在復盤時，特別重要的是改善學習方法，也就是要學會如何學習。這樣方可更快速、更妥善地學到你想要學的內容。具體來說，其中雖包括但不限於：

- 釐清自己的學習風格和擅長的學習方法。
- 找出適合每種學習內容的方法。
- 對自己來說最重要或最有價值的學習方法，是否仍有改善空間？

對於個人發展來說，學會如何學習，對自己的學習進行優化，對自己的思維與行為進行反思、改進，這是一項「元能力」，也就是發展能力的能力。面對複雜多變的環境，你要學習的東西現在或許尚未出現，因此，掌握並提升自己的「元能力」，正是以不變應萬變的不二法門。

5. 升級你的心智

如第二章所述，心智模式是影響個人學習的基本因素。透過深入地復盤，可以找出自己存在著哪些根深蒂固的信念、規則與假設，覺察到自己下意識或無意識的行為模式，實現心智的升級。這將有助於實現深層次的變革，更是一個微妙、漫長且持續的過程。

6. 改變現有生活／職務結構

按照系統思考的基本特性「結構影響行為」，當人們處於某一特定結構的系統之中時，即便是非常不同的個體，也會發展出類似或相同的行為模式。比如在《荀子・君道》篇中，荀子曾提到「楚王好細腰，故朝有餓人」，這就是此一原理的典型案例。因為楚王喜歡細腰的人，於是他的臣子、嬪妃們都努力節食，甚至吸氣紮緊腰帶，時間一長，朝堂上的大臣、宮裡的嬪妃人人都餓得面黃肌瘦……。

在這個案例中，主管的喜好就是一個結構性因素，它會影響下屬的行為。而主管有什麼樣的偏好，下屬就會想方設法、克服困難，產生相對應的行為。

其實，在我們每個人的工作、生活中，不就是處處存在著這樣的結構性因素嗎？

當然，對於大多數人來說，如果不具備系統思考的智慧，不進行深入的反思，根本意識不到這些影響甚至是決定我們行為的底層系統結構，更不要說去改變系統結構。但是這樣一來，不管我們如何努力嘗試去改變，效果總是不佳，甚至還會退回到我們根本不想要的狀態。因此在我看來，透過復盤若能夠浮現並改善我們所處的生活與工作系統結構，通常便能取得根本性的改變。

培養並保持堅韌

　　學習與成長不會一蹴而就，也不會一帆風順，肯定會遇到各式各樣的困難。在現實生活中，我曾見過不少年輕人，一開始豪情萬丈，積極性很高、很努力，但現實往往是殘酷的，努力未必就能馬上見效，而要學習新技能，也必然要走出「舒適區」才行……，就這樣，壓力來了，有人便因此懈怠了，開始「躺平」、混日子（這樣的人通常只有「三分鐘熱度」）；有人會咬牙堅持一段時間，若有進展，他們便會走上「成功的循環」（參見第二章）；如果遇到了困難，或進展未達預期，某些人就會灰心、一蹶不振或知難而退、繞道而行。就像那則流傳很廣的故事：

　　選在一個地方挖了幾下，因為沒有挖到水，所以就放棄了，想說改到另外一個地方再挖幾下……如果是這樣的話，即便底下有水，你可能也挖不到水。

　　因此在我看來，要想挖到水（獲得成功、有所成就），一定要選一個底下有水的地方（可以取得一番成就的「專注領域」），堅信你可以挖到水源（熱情），然後堅持下去（毅

力）。在挖的過程中難免會吃土、費力，甚至覺得枯燥，但請不要放棄，因為如果遇到困難就退縮不前，那麼肯定無法取得長期且持續的成功。

就像心理學家安琪拉・達克沃思（Angela Duckworth）基於對美國常青藤學校在校大學生、西點軍校學生以及全美拼字大賽選手的研究所提出：智商和其他標準化測試並非是預測長期成功與否的最佳指標。

堅毅才是最能預測一個人未來是否成功的因素。

所謂堅毅，是指一個人堅持不懈地追求長期目標的能力。在她看來，

・天賦 × 努力 = 技能

・技能 × 努力 = 成就

也就是說，無論是能力的養成還是取得成就，這不僅需要天賦，更必須持之以恆、集中精力地付出努力，為此，離不開熱情與毅力。這就是她所定義的「堅毅」。簡言之，堅毅 = 熱情 × 毅力 [1]。當然，要是你挖的地點下方根本就沒有水，或是碰到了很厚、很堅硬的岩層，那也請不要就選一棵樹吊死。畢竟如果方向不正確，只是一味地堅持，結果自是難有成就。因此在堅持挖下去之前，請務必認真選擇；在挖的過程中更要定期復盤，觀察是否有進展，有沒有見到水的跡象，這不僅可為自己提供及時的回饋，增強信心，也可以

調整開挖的策略與方法。如果確實發現遇到了岩層，試著努力幾次，發現以你現有資源確實無法取得突破，那麼請記得務必即時進行戰略性調整。

　　由於每個人的生命都是有限的，因此最好少做重大或根本性的戰略調整。為此，你需要審慎釐清個人的使命與願景，確定長遠的宏大目標。之後，保持專注和堅韌且付出努力，這樣才有可能成為高成就者。

活在「持續精進」的狀態

如上所述，透過知識煉金術把自己煉成領域專家，是一個終身學習、持續精進的過程。那麼，這個過程有沒有終點呢？

我在研讀《荀子》的過程中發現兩個答案。其一是「終身學習就是活到老、學到老，只要生命不息，學習就不能停止。」就像荀子所說：「君子曰：學不可以已……學至乎沒而後止也。」、「學惡乎始？惡乎終？曰：其數則始乎誦經，終乎讀禮；其義則始乎為士，終乎為聖人。真積力久則入。學至乎沒而後止也。故學數有終，若其義則不可須臾舍也。為之人也，舍之禽獸也。」（以上出自《荀子 · 勸學》）事實上，這一觀點貫穿《荀子》全書。

另一種回答是：「禮者、法之大分，類之綱紀也。故學至乎禮而止矣。」（以上出自《荀子 · 勸學》）也就是說，學習到掌握了「禮」，才算達到盡頭了。

這個「禮」通「道理」的「理」，是宇宙萬物的底層規律，是指導人類行為規範的「大道」，是我們應對萬物的準則與

綱要。而真正掌握這個「禮」的就是「聖王」，就像荀子所說：「辨莫大於分，分莫大於禮，禮莫大於聖王。」（以上出自《荀子‧非相》）

那麼，「聖王」又是什麼樣子呢？《荀子‧解蔽》篇中指出：「故學也者，固學止之也。惡乎止之？曰：止諸至足。曷謂至足？曰：聖王。聖也者，盡倫者也；王也者，盡制者也；兩盡者，足以為天下極矣。」也就是說，學習本來就要有個範圍。

那麼，這個範圍在哪？回答說：「範圍就是要達到最圓滿的境界。」

什麼叫做最圓滿的境界？回答說：「就是通曉聖王之道。」

在此，「聖」就是完全精通事理的人，「王」就是徹底精通制度的人，而「聖王」就是在這兩個方面都達到了精通境界的人，他們是天下最高的表率。因此，在荀子看來，你要透過學習修煉成為君子，最高境界就是成為「聖王」。當然，在我看來，這兩個答案是一樣的，因為成為「聖王」實在太難了，對於我們每個人來說，窮其一生恐怕也難以企及。即便有人真正成為「聖王」了，他也是終身學習，從來沒有停下腳步的一天。

因此在我看來，無論是走在成為領域專家的道路上，

還是已達到那個境界，大家都要活在持續精進的狀態中。只有靠著持續精進，我們才能成為領域專家；只有活在持續精進的狀態，我們才能一直是「名副其實」的專家。而這個狀態，早在二千三百多年前就被荀子用一個字來概括，那就是「積」。

在荀子的思想中，要想修煉成為君子（乃至最高境界「聖王」），靠的就是「積」。他說：「積土成山，風雨興焉；積水成淵，蛟龍生焉；積善成德，而神明自得，聖心備焉。」（以上出自《荀子・勸學》）

「故積土而為山，積水而為海，旦暮積謂之歲，至高謂之天，至下謂之地，宇中六指謂之極。塗之人百姓，積善而全盡，謂之聖人。彼求之而後得，為之而後成，積之而後高，盡之而後聖。故聖人也者，人之所積也。人積耨耕而為農夫，積斲削而為工匠，積反貨而為商賈，積禮義而為君子。工匠之子莫不繼事，而都國之民安習其服，居楚而楚，居越而越，居夏而夏。是非天性也，積靡使然也。」（以上出自《荀子・儒效》）

意思是說，土石累積起來就能形成高山，水流彙聚、累積起來就能形成江海，日子一天天累積起來就是歲月……同樣，普通人只要能夠持續不斷地積累善行、修煉自己的德行與能力，也能成為君子，如果能夠達到窮盡的境界，就是聖

人。聖人就是普通人靠著日積月累的「積」，勤加修煉而成。

我們在這本書中探討的就是「積」的智慧與方法。

這個狀態，三十年前就被年輕的管理學大師彼得・聖吉用一個詞來概括，那就是「超越自我」（Personal Mastery）。

在《第五項修煉：學習型組織的藝術與實踐》一書中，彼得・聖吉指出，要想把一家組織變成學習型組織，以更快、更好地實現自己想要的未來，需要整合應用五項技術：從組織成員個體層面上看，需要我們實現自我超越（Personal Mastery）**2**、改善心智模式（Mental Models）、學會系統思考（Systems Thinking）；從團隊和集體層面上，需要激發團隊學習（Team Learning）、塑造共同願景（Shared Vision）。其中，「超越自我」這項修煉的精髓就在於每個人都要能夠找到自己人生意義（使命、願景），集中精力去實現想要創造的目標，並不斷提高自己的目標，實現持續精進。從本質上看，這就是我在本書中探討，保持並成為「名副其實」的專家的過程。

古今中外，大道相通，只有理解並能熟練地應用這些底層規律及其具體方法，靈活變通後，才能成就自己心儀的功業，活出生命真實的意義。

★反省自己是否已有「退化」的風險？

★請反省：你是否處於「舒適區」？怎樣才能讓自己移動至「成長區」？

★基於自己的學習成長計畫，執行一次較長時間、大範圍的復盤（如一年或近幾年），參照本章所講的「六項改進」，反省有無必須改進之處？

★復盤時，想想自己是如何應對當下所遭遇的困難？若你成功克服困難，原因何在（是熱情還是毅力）？若無，原因又是什麼？你該如何提升自己的堅韌力？

★對照「持續精進」的狀態，確認是否仍處於這個境界？若不是，原因何在？如何改進？

---

1. 《堅毅：釋放激情與堅持的力量》安傑拉·達克沃思 著；北京：中信出版社，2017.

2. 「超越自我」這個中譯版本在我看來並不精準，因為按照彼得·聖吉描述的狀態，它是一種生存狀態，並非一、兩次「超越自我」的過程，因此若改譯為「個人持續精進」，可能更為精準。

觀成長
成為領域專家的 11 堂養成課

知識煉金術

作　　者—邱昭良
視覺設計—徐思文
主　　編—林憶純
行銷企劃—蔡雨庭

總 編 輯—梁芳春
董 事 長—趙政岷
出 版 者—時報文化出版企業股份有限公司
　　　　　108019 台北市和平西路三段 240 號
　　　　　發行專線—（02）2306-6842
　　　　　讀者服務專線—0800-231-705、（02）2304-7103
　　　　　讀者服務傳真—（02）2304-6858
　　　　　郵撥—19344724 時報文化出版公司
　　　　　信箱—10899 臺北華江橋郵局第 99 信箱
時報悅讀網—www.readingtimes.com.tw
電子郵箱— yoho@readingtimes.com.tw
法律顧問—理律法律事務所 陳長文律師、李念祖律師
印　　刷—勁達印刷有限公司
初版一刷— 2023 年 9 月 28 日
定　　價—新台幣 420 元
版權所有 翻印必究
（缺頁或破損的書，請寄回更換）

時報文化出版公司成立於 1975 年，並於 1999 年股票上櫃公開發行，於 2008 年脫離中時集團非屬旺中，以「尊重智慧與創意的文化事業」為信念。

知識煉金術：成為領域專家的 11 堂養成課 / 邱昭
良作 . -- 初版 . -- 臺北市 : 時報文化出版企業股份
有限公司 , 2023.09
　　344 面 ;14.8*21 公分 . -- （觀成長）
　　ISBN 978-626-374-138-6（平裝）
　　1.CST: 知識管理
494.2　　　　　　　112011620

ISBN 978-626-374-138-6
Printed in Taiwan